U0748451

朱益民　朱斌　主编

非热放电
环境污染治理技术

大连海事大学出版社
DALIAN MARITIME UNIVERSITY PRESS

SO$_2$ ↓

VOCs ↓

图书在版编目（CIP）数据

非热放电环境污染治理技术 / 朱益民,朱斌主编.
大连：大连海事大学出版社, 2024.12 — ISBN 978-7-
5632-4654-0

Ⅰ. X5

中国国家版本馆 CIP 数据核字第 2024ER1800 号

大连海事大学出版社出版

地址:大连市黄浦路523号　邮编:116026　电话:0411-84729665(营销部)　84729480(总编室)

http://press.dlmu.edu.cn　E-mail:dmupress@dlmu.edu.cn

大连天骄彩色印刷有限公司印装　　　　　　　大连海事大学出版社发行

2024 年 12 月第 1 版　　　　　　　　　　　2024 年 12 月第 1 次印刷

幅面尺寸:184 mm×260 mm　　　　　　　　　　　　　　印张:6

字数:148 千　　　　　　　　　　　　　　　　　　印数:1~500 册

出版人:刘明凯

责任编辑:于孝锋　　　　　　　　　　　　　　责任校对:王　琴

封面设计:张爱妮　于孝锋　　　　　　　　　　版式设计:张爱妮

ISBN 978-7-5632-4654-0　　定价:15.00 元

前　言

环境污染治理的重要性不言而喻，但目前的环境污染治理技术均具有自身特点和不足。针对环境污染，在污染发生前，可以进行环境评价和预测，从而进行环境污染控制。在污染发生的过程中或发生后，可以进行环境污染治理和修复。无论是污染控制还是污染治理和修复，均涉及环境污染治理技术的应用。

我们认为，环境学科的学术活动主要是指发现与环境相关的问题，并将其他专门的科学技术应用于环境问题的解决。获知、发掘并应用其作用机理于环境问题，谓之环境科学。解决其中的适用性，包括运行的稳定性、可靠性、高效性、经济性等，谓之环境技术。在环境技术基础上的实际应用，谓之环境工程。所以专门的科学问题应在其他专门学科中解决，不在环境学科研究范畴。环境学科应该是一门综合学科，它必须服务于环境技术和环境工程。

大连海事大学的学科特点在于其交通特色，特别是航运特色。因此，大连海事大学的环境学科必有不同于其他学校之处。具体来说，作为海事类院校的环境学科，其应当结合海洋的特点而不是仅仅体现海洋特色。学校自身特色与学科特色的相互融合，不仅有利于稳固环境学科在国内的地位，还将助力交通运输行业的生态环保与绿色发展。

前些年我们强调零排放、零污染、清洁生产、绿色经济等，最近几年一直在强调节能减排。发展和形成各种污染治理技术为减排提供技术支撑，节能的同时也就意味着减排，所以节能和减排是密不可分的。

学以致用，发展能服务于社会的技术并得到认可，才可进入可持续的良性发展。循环经济不就是相似的体现吗？由此，研究环境的人要注重可持续，不要做"一锤子买卖"，这样才不会急功近利、自私自利。

鉴于以上认识，以非热放电为起点发展形成了一些环境污染治理技术。技术形成不是为了单纯的研究，是根据机会和需求而开展的，这导致本书章节间不系统，每章似乎都是一个专题。

本书是对大连海事大学环境污染治理研究所所做部分工作的总结。其主要内容分为两个部分：

一、非热放电研究结果，分别对脉冲电晕放电、介质阻挡放电和直流电晕放电进行了一些研究。

二、非热放电用于环境污染治理，分别对烟气排放的 SO_2、VOCs 和室内空气进行了一些治理研究，并研发了适用于构建中小型臭氧发生器的高效板式介质阻挡放电结构。

其中第一部分内容既可以使读者掌握非热放电技术的特有规律，也是理解第二部分中的污染治理技术作用机制的理论基础。非热放电作为一类高级氧化技术不能普遍有效用于各种环境污染治理，所以需要同其他技术相结合。本书对化工、生化等技术用于环境污染治理方面仅做较浅显触及，对尚未做研究的多种非热放电技术和环境污染治理技术也不做细致描述，所及内容只为技术研究调研做铺垫。本书一方面想把所做的有价值的工作表述出来，另一方面想说明工作过程中的一些道理和感受。

希望本书能够对环境类专业学生认识非热放电环境污染治理技术有所帮助。本书是以大连海事大学环境类专业学生为受众，未特别体现交通特色，尤其是航运特色，但从中可以得到一些借鉴和启发，当然也涉及一些与交通和航运直接相关的内容，例如脱硫和室内空气治理等。一些技术目前仍是不成熟的，有待我们和他人今后付出更多的努力。本书给学生传授的不仅仅是研究所取得的成果，更有编者多年来在研究过程中建立的研究策略、思路与方法。希望学生阅读本书后，能在知识与研究方法方面均有所得。

朱益民

2024 年 11 月 27 日

目 录

第1章
非热放电技术简介

本章给出非热放电定义，然后从说明等离子体出发，概要介绍了非热放电的主要特性和分类。因后续章节与辉光放电、电晕放电和介质阻挡放电直接相关，分别介绍这些非热放电发生方法及其重要参数和特性，并指出其在环境污染治理中的主要应用。本章内容基于作者对各类文献的汇总而成。通过本章学习，读者可初步了解非热放电，以为后续内容的学习打好基础。

1.1 非热放电定义

如果加在气体介质上的外界电场足够强，气体中的初始电子在其自由程内将获得足够的能量来碰撞、电离其他的分子或原子，电离产生的电子将会引发更多的电离过程并产生更多的带电粒子。这个过程的连续进行将大大提高气体的电离度，从而引发气体放电。由于离子的质量远远大于电子，所以电子从电场中获得能量的能力远远大于离子。在电场还不能为离子提供足够能量时，体系中只有电子的温度较高，这样的放电称作非热放电或低温等离子体放电。

1.2 非热放电概述

等离子体是物质存在的第四种状态。它由电离的导电气体组成，其中包括六种典型的粒子，即电子、正离子、负离子、激发态的原子或分子、基态的原子或分子，以及光子。

等离子体就是由上述大量正负带电粒子和中性粒子组成的，并表现出集体行为的一种准中性气体，也就是高度电离的气体。无论是部分电离还是完全电离，其内部的负电荷总数等于正电荷总数，所以叫等离子体。

等离子体有别于物质的三种基本形态，即固态、液态和气态。由于物质分子热运动加剧，相互间的碰撞就会使气体分子产生电离，这样物质就变成由自由运动并相互作用的正离子和电子组成的混合物。我们把物质的这种存在状态称为物质的第四态，即等离子体态 (Plasma)。因为电离过程中正离子和电子总是成对出现，所以等离子体中正离子和电子的总数大致相等，总体来看为准电中性。因此，等离子体可定义为：正离子和电子的密度大致相等的电离气体。

微弱的蜡烛火焰可以看到等离子体的存在，而夜空中的满天星斗是高温的完全电离等离子体。据印度天体物理学家萨哈（Meghnad Saha，1893—1956）的计算，宇宙中 99.9% 的物质处于等离子体状态。在自然界中，等离子体还有太阳、电离层、极光、雷电等。在人工生成等离子体的方法中，气体放电法比加热的办法更加简便高效，诸如荧光灯、霓虹灯、电弧焊、电晕放电等。等离子体密度分布为 1×10^6（单位：个 $/m^3$）的稀薄星际等离子体到密度为 1×10^{25} 的电弧放电等离子体。等离子体温度分布范围则从 100 K 的低温到超高温核聚变等离子体的 $10^8 \sim 10^9$ K（$1 \sim 1 \times 10^9$ °C）。通常，等离子体中存在电子、正离子和中性粒子（包括不带电荷的粒子，如原子或分子以及原子团）等三种粒子。设它们的密度分别为 n_e、n_i、n_n，由于准电中性，所以电离气体分子密度 $n_e \approx n_i$。于是，我们定义电离度 $\beta = n_e / (n_e + n_n)$，以此来衡量等离子体的电离程度。日冕、核聚变中的高温等离子体的电离度都是 100%，像这样 $\beta = 1$ 的等离子体称为完全电离等离子体。电离度大于 1%（$\beta \geq 10^{-2}$）的称为强电离等离子体。火焰中的等离子体大部分是中性粒子（$\beta < 10^{-3}$），称为弱电离等离子体。

一方面，若放电是在接近于大气压的高气压条件下进行的，那么电子、离子、中性粒子会通过激烈碰撞而充分交换动能，从而使等离子体达到热平衡状态。若电子、离子、中性粒子的温度分别为 T_e、T_i、T_n，我们把这三种粒子的温度近似相等（$T_e \approx T_i \approx T_n$）的热平衡等离子体称为热等离子体（Thermal Plasma），热等离子体发生装置称为等离子体射流（Plasma Jet）或等离子体炬（Plasma Torch）等。

另一方面，数百帕以下的低气压等离子体常处于非热平衡状态。此时，电子在与离子或中性粒子的碰撞过程中几乎不损失能量，所以有 $T_e \gg T_i$，$T_e \gg T_n$，称为冷等离子体(Cold Plasma)。即使在高气压下，冷等离子体也可以通过不产生热效应的放电模式来生成。非热放电（Non-thermal Plasma）主要分为辉光放电（Glow Discharge）、电晕放电（Corona Discharge）、介质阻挡放电（Dielectric Barrier Discharge, DBD）、滑动电弧放电（Glide Arc Discharge or Plasma Arc）、射频放电（Radio Frequency Spark）和微波放电（Microwave Discharge）等。

1.3　辉光放电

辉光放电是稀薄气体中的自持现象，它因放电时管内出现特有的光辉而得名。辉光放电可分为亚辉光放电、正常辉光放电和反常辉光放电三种类型。

辉光放电的物理机制为：放电管两极的电压加大到一定值时，稀薄气体中的残余正离子被电场加速，获得足够大的动能去撞击阴极，产生二次电子，经簇射过程形成大量带电粒子，使气体导电，同时放电管内产生明暗光区，管内的气体不同，辉光的颜色也不同。

辉光放电的特点是电流密度小，温度不高，在放电管两极电场的作用下，电子和正离子分别向阳极、阴极运动，并堆积在两极附近形成空间电荷区。因正离子的漂移速度远小于电子，故正离子空间电荷区的电荷密度比电子空间电荷区大得多，使得整个极间电压几乎全部集中在阴极附近的狭窄区域内。这是辉光放电的显著特征，而且在正常辉光放电时，两极间电压不随电流变化。

低压气体在着火之后一般都产生辉光放电。若电极是安装在玻璃管内，在气体压力约为 100 Pa 且所加电压适中时，放电就呈现出明暗相间的 8 个区域，如图 1.1 所示。图 1.1 中下方的曲线分别表示光强、电位、电场强度、净空间电荷，以及电荷密度的分布。按照这些参数的分布特征，从阴极到阳极又可以将明暗相间的 8 个区域划分为以下 7 个区。

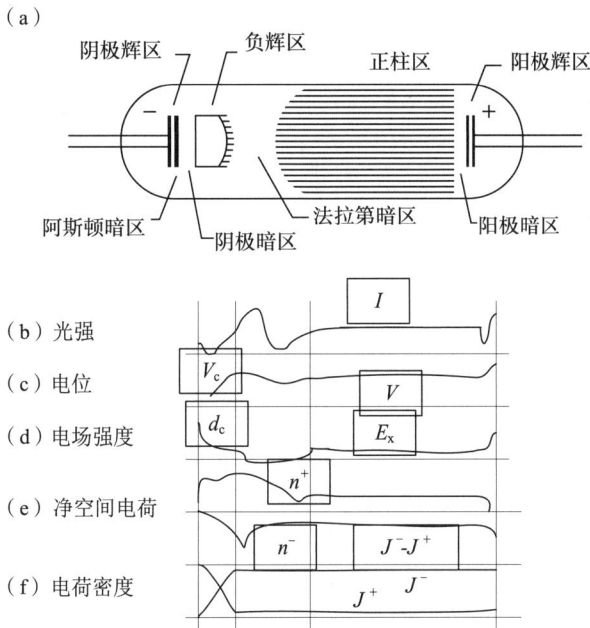

图 1.1　辉光放电各区域与参数示意

（1）阿斯顿暗区：它是阴极前面很薄的一层暗区，是 F·W·阿斯顿（F. W. Aston，1877—1945）于 1908 年在实验中发现的。在本区中，电子刚刚离开阴极，飞行距离尚短，从电场得到的能量不足以激发气体原子，因此没有发光。

（2）阴极辉区：紧邻阿斯顿暗区，由于电子通过阿斯顿暗区后已具有足以激发原子的能量，在本区造成激发而形成，当激发态原子恢复为基态时就发光。

（3）阴极暗区：又称克罗克斯暗区。抵达本区域的电子能量较高，有利于电离而不利于激发，因此发光微弱。

（4）负辉区：紧邻阴极暗区，且与阴极暗区有明显的分界。在分界线上发光最强，后逐渐变弱，并转入暗区，即后述的法拉第暗区。负辉区中的电子能量分布较为分散，同时含有大量的低能与高能电子。

（5）法拉第暗区：负辉区到正柱区的过渡区域。在本区域中电子能量很低，不发生激发或电离，因此是暗区。

（6）正柱区：与法拉第暗区有明显的边界，是电子在法拉第暗区中受到加速，具备了激发和电离的能力后在本区中激发电离原子形成的，因发光明亮故又称正辉柱区。正柱区中电子、离子浓度很高（$10^{15} \sim 10^{16}$ 个 /m^3），且两者的浓度相等，因此被称为等离子体。正柱区具有良好的导电性能；但它对放电的自持来说，不是必要的区域。在短的放电管中，正柱区甚至消失；在长的放电管中，它几乎可以充满整个管子。正柱区中轴向电场强度很小，因此迁移运动很弱，扩散运动（即乱向运动）占优势。

（7）阳极辉区和阳极暗区：在电子到达阳极以前的几个自由程的距离内，电子从电场得到相当大的能量，这些电子能够激发气体原子发光，所以在阳极附近会出现阳极辉光。应该指出，上述的各个暗区并不是绝对无光，而只是相对于亮的辉光区域暗了一些，如阳极暗区实际上比阴极辉光区还要亮。它们在放电中不是典型的区域。

辉光放电在环境污染治理中有重要应用。大气压下辉光放电灭菌技术以其温度低、时间短、无毒性等诸多特点，克服了蒸汽、化学等传统方法使用中的不足，可以对各种医疗器械进行高效可靠的消毒灭菌处理。同时辉光放电在催化剂的制备过程中也有广泛的应用前景，目前正广泛开展分子筛负载贵金属催化剂，用于氮氧化物还原、烃类催化燃烧、异构化和脱硫等方面的研究。用辉光放电等离子体处理浸渍法制备催化剂可使其酸性增强，分散度显著提高并在反应过程中保持稳定。此外，辉光放电还在降解水溶液中有机污染物、饮用水净化、氧化降解反应等方面有着重要的应用。

1.4 电晕放电

气体介质在不均匀电场中的局部自持放电是最常见的一种气体放电形式。在曲率半径很小的尖端电极附近，由于局部场强度超过气体的电离场强，气体发生电离和激励，出现电晕放电。其特点是发生电晕时可以在电极周围看到光亮，并伴有咝咝声。电晕放电可以是相对稳定的放电形式，也可以是不均匀电场间隙击穿过程中的早期发展阶段。

在电晕放电中，电场不均匀性对放电特性起着重要作用，它同电极几何构形、电极间气体种类等有很大关系，所以电压高低、电极形状、极间距离、气体性质决定着电晕放电的特性。

在强电场区气体电离发光形成电离区域，或称电晕层。在此区域外，因电场弱，电流传导主要依靠正负离子和电子迁移，称该区域为迁移区域。电晕放电是一种自持放电，当电极间电压升到一定值 V_s 时电晕发生。V_s 称为起晕电压，以电极间电流突变和强场区微弱辉光为表征。

电晕放电可以按极性分为正电晕和负电晕；按电压分为直流电晕，交流电晕，高频电晕和脉冲电晕；按电极数目分为单极电晕，双极电晕和多极电晕等。下面主要对正电晕放电、负电晕放电以及脉冲电晕放电的发生机理进行介绍。

1.4.1 正电晕放电

正电晕放电是指针极或线电极加正高压时产生的电晕放电。在始发阶段，正极小区域内因高电场强度而发生碰撞电离。自由电子在电场作用下向阳极趋进，产生电子雪崩。在阳极附近，电子雪崩产生的正离子云扩展到阳极，二次雪崩产生的正离子云也指向阳极，这一模式构成初始流光，如图1.2所示。

在电压稍高时，在阳极表面周围可能形成负离子云，导致大量初始流光。这些短流光在空间中重叠出现，形成辉光放电，此时对应的电流在高压回路中接近稳定。

另一种发展模式是，当电压仍保持较高时，阳极周围的负离子云不再保持稳定，而是被强烈的预击穿流光代替，形成不规则的高电流脉冲。

如果继续增大电压，最终会导致空气间隙被击穿。图 1.3 给出了正电晕始发电压和火花电压与针板间距的关系。

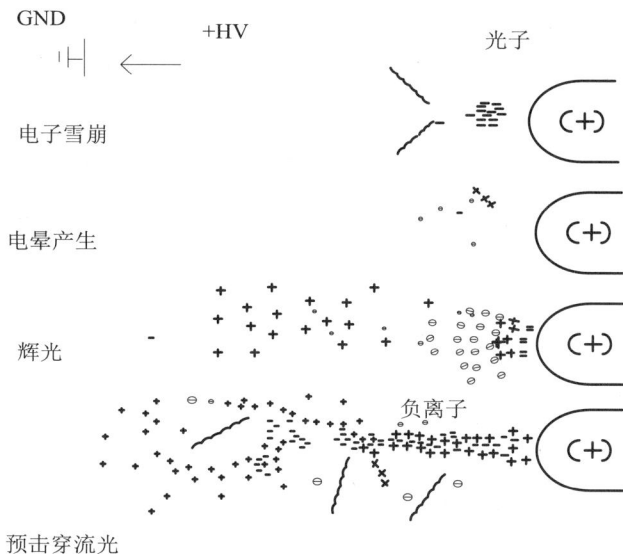

图 1.2　正电晕电子雪崩发展过程

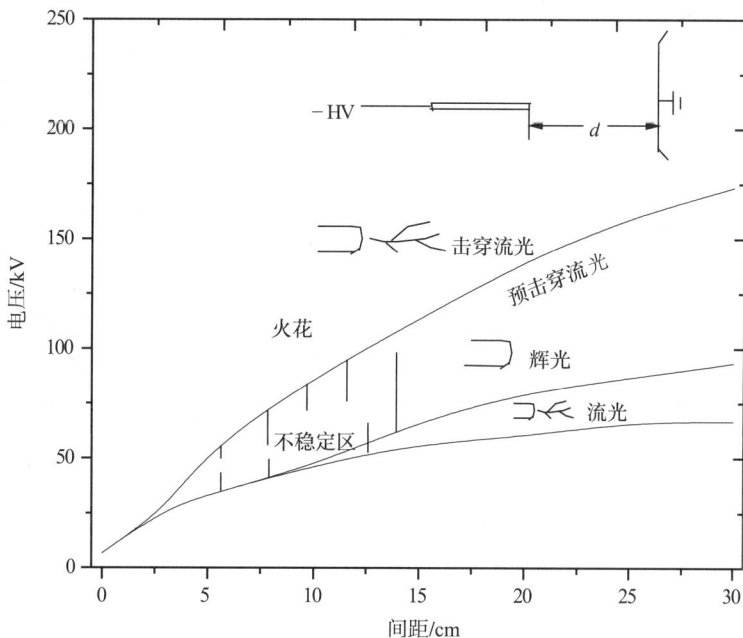

图 1.3　正电晕始发电压和火花电压与针板间距的关系

1.4.2　负电晕放电

负电晕是指针极或线电极加负高压时产生的电晕放电。在初始阶段，阴极附近产生快速稳定的脉冲电晕模式，称为 Trichel 脉冲电晕。每一电流脉冲对应一个在电离区域的电子雪崩。电离区域由阴极表面外层向外扩展，直到电场减弱到碰撞电离小于电子吸附为止，也就是到迁移区域为止。在迁移区域中，雪崩产生的电子吸附到气体分子上形成负离子，继续缓慢漂移并远离阴极。在雪崩增长过程中，从雪崩中心产生的一些光子向各个方向辐射，进而产生光电子作为辅助的雪崩，如图 1.4 所示。电子和负离子远离阴极而正离子趋向阴极形成回路电流脉冲。随着电压增大，Trichel 脉冲重复频率达到一阈值，形成稳定的负辉光。随着电压继续升高，将发生预击穿流光放电，随后气体被击穿，放电通道迅速贯穿整个气体间隙。

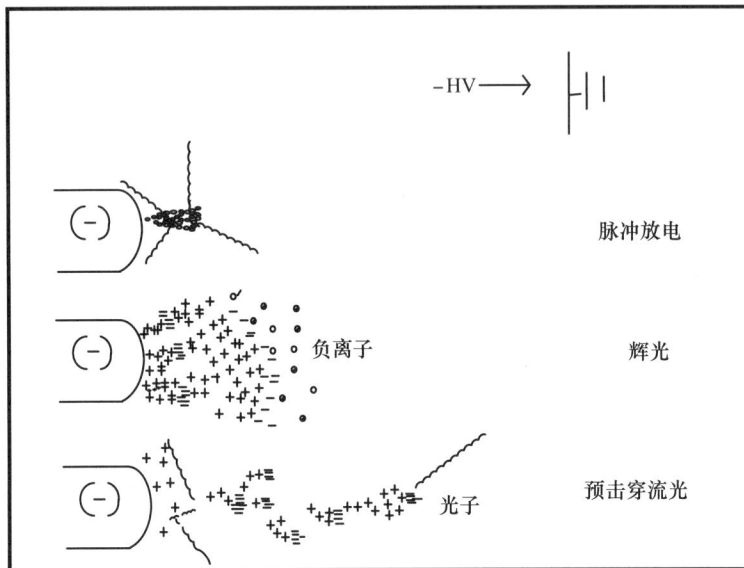

图 1.4　负电晕放电的电子雪崩发展过程

1.4.3　脉冲电晕放电

在脉冲电压供电时产生的电晕放电称为脉冲电晕放电。此时，在空气间隙内会发生电晕放电，但几乎不会产生空间电荷累积，因此电子雪崩和流光繁衍能达到更远距离。相对于直流电晕放电来说，这种放电有更大的可用电压范围，放电也更强烈。其中图 1.5（a）和图 1.5（b）分别为正脉冲电晕和负脉冲电晕始发流光及其分支的踪迹照相。相对于负脉冲电晕来说，正脉冲电晕中流光发展能达到更远的距离，甚至在整个放电间隙中存在，因此可用的电压峰值可以更高而不发生火花击穿。

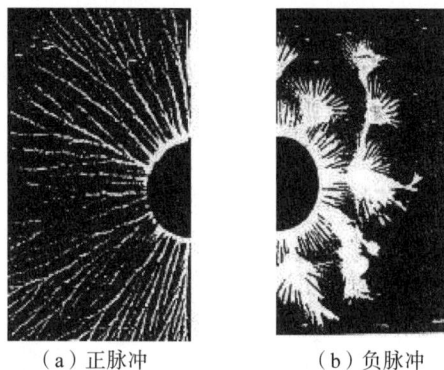

（a）正脉冲　　　　　　　　　（b）负脉冲

图 1.5　脉冲电压作用下电晕放电踪迹照相

电晕放电在环境污染治理中有着广泛的应用，其中工业静电除尘已在各领域成功应用几十年。现在已将电晕放电应用于室内空气净化和工业空气净化。除了具有同工业除尘一样的功效外，在空气净化中电晕放电还起到消毒灭菌和去除一些气态污染物的作用。脉冲电晕放电在 VOCs 去除、烟气脱硫脱硝、柴油机尾气净化等方面显示出快速有效等优势，相关技术研究还在发展过程中。

1.5　介质阻挡放电

介质阻挡放电（简称 DBD）是根据电极结构而定义的，即在两电极之间或至少一个电极表面存在介质层，以交流高压给电极供电，从而在电极间气隙内发生微放电。

1.5.1　介质阻挡放电原理

DBD 放电能够稳定工作的气压范围为 $10^4 \sim 10^6$ Pa，允许的电源工作频率范围为 50 Hz~ 1 MHz。在常温常压下，放电表现均匀稳定，貌似低气压下的辉光放电，但事实上通过放电间隙的电流由大量微放电的快脉冲电流细丝组成，电流波形（见图 1.6）上的很多毛发状脉冲就是由微放电形成的。这些微放电在时间和空间上无规则地分布在整个放电空间，每个微放电的寿命只有几纳秒，微放电发展至电极或介质表面呈明亮的斑点，介质阻挡放电 DBD 反应器工作机制的关键是微放电的形成和性质。

Nd 为气体分子数密度和间隙宽度的乘积，通常 DBD 反应器的 Nd 比较高，因此会直接发生"流光击穿"，即第一个电子在外加电场的作用下加速获得能量，与气体原子、分子发生碰撞引起电离，产生二次电子，从而形成电子雪崩（繁流），电子的产生速率超过其复合速率，放电气体将会被击穿。在大气压下，第一个电子雪崩通过电极间隙的过程中就出现了相当多的空间电荷，空间电荷所产生的本征电场与外电场叠加会形成很高的局部本征电场，使得雪崩电子进一步得到加速，快速地通过电极间隙而形成一个导电通道。在电子雪崩运动过程中，一些激发态的原子、分子因激发而发光，这些光子能够引起进一步的电离，加速气体的击穿和导电通道的建立。由于 DBD 电极间的电场分布比较均匀，而且电极之间的距离比较短，因此相应所形成的导电通道半径比较小，寿命比较短。以上导电通道的形成过程就是对应的单个"微放电"的形成过程，通常在常温常压下每个微放电都呈细丝状。当反应器的 Nd 值比较低，或采取一些特殊办法时，DBD 反应器中会发生"Towsend"击穿。根据大气压下的 V-I 特性，随着电压的升高，经过比较短暂的"辉光放电"，工作区再向流光过渡。

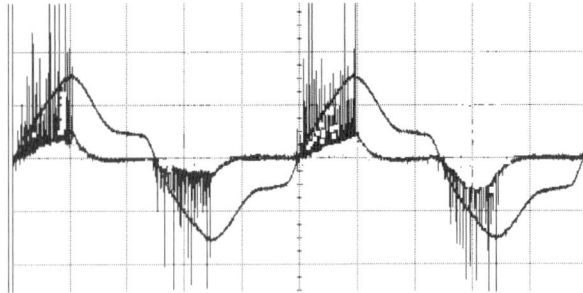

图 1.6 介质阻挡放电供电电压和放电电流波形

介质层在 DBD 反应器中发挥着重要的作用。气体击穿、微放电通道形成后，大量的电荷在放电通道中被输运至电极之间的介质表面上积累，积累的电荷将建立一个和外电场方向相反的电场，从而减弱工作空间的电场，直到叠加后的空间电场场强为零，致使该次放电"熄灭"。介质层的作用限制了放电的继续发展，从而避免出现火花放电，能够使产生的非热等离子体维持稳定。介质层的作用还能够使很多个微放电彼此独立地发生在不同的位置，即在同一时刻，一次微放电在某个位置发生时，其他还有很多微放电发生在另外的位置；在同一位置，当空间场强重新升高到击穿场强时，会再一次击穿而形成另一个微放电。这样在整个反应器的工作空间和放电发生的时间内，有大量的微放电无规则地分布着，在一定程度上弥补了单个微放电半径小而造成的放电等离子体在空间分布不够均匀的缺点。

1.5.2 介质阻挡放电电极结构

按照放电发生的区域分，DBD 有沿面放电（Surface Discharge）和无声放电（Silent Discharge）两种形式，也把这两种放电形式分别称作面向阻挡放电和体相阻挡放电。沿面放电的电场分布极不均匀，放电发生在电极附近的基板表面；无声放电的电场分布均匀，放电通道和气流方向垂直，放电发生在两电极间的气隙之间。上述两种放电的电极和介质层可分板式结构和管式结构等。板式结构和管式结构在其反应器性能、放电等离子体的形态上稍有不同，但工作原理和放电等离子体性质是完全一致的，都是由几纳秒到 10 ns 数量级的微放电脉冲组成的。

一般来说，如图 1.7（a）和图 1.7（b）所示，一个面向阻挡放电或体相阻挡放电等离子体源装置包括一个交流高压电源和一个放电反应器：交流高压电源将电网电压转变成高频高压或工频高压等电能形式；放电反应器则通过由高压电缆从高压电源传递来的高压电能加在该反应器的电极上，在高压电极和地电极之间的空间产生微放电。

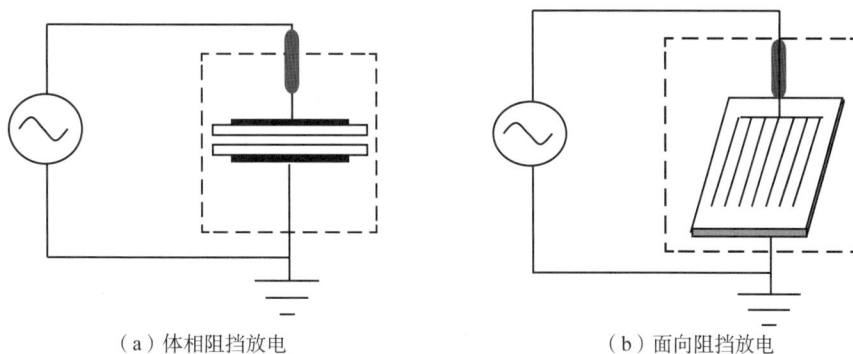

（a）体相阻挡放电　　　　　　　　　（b）面向阻挡放电

图 1.7　介质阻挡放电发生原理

介质阻挡放电合成臭氧是这种放电形式的一个典型应用。人们对其所做的研究和改进多是经验性的，避开较深层次的机理问题，只研究表观效果，这主要是由等离子体技术机理复杂的特点所致，类似的情况也存在于其他的等离子体应用技术领域内。随着对介质阻挡放电研究的深入，人们把等离子体反应器中的基本物理过程与化学反应联系起来，探索有关反应的特征和规律，极大地促进了介质阻挡放电发生技术的水平。同时随着介质材料、功率开关器件等领域的进步，在 20 世纪 90 年代后该技术有了较大程度的发展。在不断改进放电反应器的电极结构和优化工作参数的同时，以不同形式的高压电能为放电反应器供能，以各类新的放电等离子体形式和 DBD 放电结合，这些努力均有效地提高了 DBD 的放电效率。

1.5.3　介质阻挡放电的放电功率

对实际工作而言，反应器的放电功率是一个非常重要的参量，而且由于 DBD 放电电流是由微放电所组成的，电压、电流间相位变化复杂，致使功率的计算和测量都比较复杂。根据 DBD 放电反应器的工作机理，在供电电压没有达到使气隙击穿的临界电压时，可以将其等效为介质层电容 C_d 和气隙电容 C_g 两个电容器的串联，所以研究放电功率只考虑放电后的情况。当放电发生后，气隙不再呈现电容性质，通常将这类导电气体等效为有一固定压降的器件（电阻或二极管等）。

设供电电压为 $V = V_0\sin(2\pi ft)$，放电气隙的电压为 V_S 并在放电期间保持不变，介质层上的电压 V_d 为：

$$V_d = V_0\sin(2\pi ft) - V_S \tag{1.1}$$

则介质层上储存电荷 Q 为：

$$Q = C_d V_d = C_d[V_0\sin(2\pi ft) - V_S] \tag{1.2}$$

因为气隙和介质层对电源是串联的，气隙中的瞬时放电电流和流过 C_d 的位移电流相等，有：

$$I_g = I_d = dQ/dt = 2\pi f C_d V_0\cos(2\pi ft) \tag{1.3}$$

瞬时放电功率 P_t 为：

$$P_t = V_S I_g = 2\pi f C_d V_S V_0\cos(2\pi ft) \tag{1.4}$$

设发生放电时的起始电压 $V_{cs} = V_S(C_d + C_g)/C_d$，积分式（1.4），并且根据每周期内发生两次放电（正、负半周各一次），有：

$$P = 4fC_\mathrm{d}V_\mathrm{S}(V_0 - V_\mathrm{cs}) = 4fC_\mathrm{d}V_\mathrm{S}[V_0 - V_\mathrm{S}(C_\mathrm{d} + C_\mathrm{g})/C_\mathrm{d}] \qquad (1.5)$$

由此可见，放电功率的大小和供电电压、频率有关，而且受到介质层性质的影响。对于一定几何形状、气隙宽度、运行压力不变的反应器而言，提高放电功率的办法有：提高供电频率、增大供电电压、选用高介电常数的薄介质层等。但是，选择介质层的厚度大小要考虑机械强度、介电强度和结构上便于散热等多个方面的因素，功率的改变主要是调整电压和频率。过高的电压将引起介质层寿命的降低，放电功率过大，也会因为发热严重而损坏介质层。在实际工作中，需要选择合适的电压、频率，兼顾放电功率的提高、电极的冷却、介质层的寿命与可靠性。

章后语

学习与走路一样，需要找到一条通路，而不是死路。本章的内容编写力求有较强的逻辑性，从引文中抽取的内容力求清晰明了，以形成一条学习非热放电初步知识的通道。

第2章
脉冲电晕放电特性优化及脱硫应用

本章概述了脉冲电晕放电特性；介绍了电参数测量精确获取高压脉冲电信号的方法；改进了高压脉冲电源有效提高电源效率；提出了优化高压脉冲输出特性的建议；调整电源和放电反应器参数实现该系统匹配，提出了优化脉冲电晕放电特性的判据，并实现电源和放电反应器优化。进一步基于对脉冲电晕放电特性优化的研究基础，将脉冲电晕放电试用于烟气脱硫研究，研究脉冲电晕放电反应器中脉冲电晕特性，考察烟气相对湿度和添加剂氨对烟气脱硫的作用规律，并提出对反应机理的认识，进而优化电源和放电反应器系统。通过本章学习，学生可以认识脉冲电晕放电特性及其应用于脱硫的优缺点，了解其中涉及的自由基化学反应。

2.1 脉冲电晕放电概述

脉冲电晕法是由 Masuda 提出并进行实验研究的。此后，意大利、美国和日本等国科学家进行了广泛的研究并先后建立和运行了试验工厂。Gallimberti 和 Vitello 等建立和发展了流光模型；Yan 和 Rea 提出了一次流光重要性并进行了电源和放电反应器设计；Gallimberti 进行了流光放电中自由基产生的模型计算；Chang 提出了离子 – 分子反应和气溶胶表面化学反应的重要性；Li 在 Huie 和 Potapkin 的基础上进行了液相链反应分析；Masuda、Rea 和 Chang 对该技术均做了概述。

2.1.1 脉冲电晕放电特性

似乎所有关于脉冲电晕放电特性实验研究的文献均通过脉冲电参数测量和／或光谱分析等来揭示脉冲电晕放电特性。

用于描述脉冲电晕放电特性的电参数有脉冲电压、电流和能量的峰值、上升时间、脉宽和重复频率，还有脉冲波形的振荡程度、单次脉冲能量、单次脉冲电量等。通过能量利用率来判断脉冲电晕放电特性的优劣。对电参数研究而获得的有关脉冲电晕放电特性优化的主要结论是：正脉冲电晕优于负脉冲电晕，正脉冲电晕等离子体区体积大；脉冲电压峰值高，上升时间短，则电晕特性优；适当的直流基压有利于电源和放电反应器匹配；电源和放电反应器本身及运行条件直接决定了脉冲电晕放电特性。

流光结构在很大程度上决定电子能量分布，流光的时空繁衍决定在放电过程中产生的所有快速电子的能量分布，所以获得电子的能量分布对控制和优化处理过程的效率是至关重要的。Yan 和 Rea 对脉冲电晕放电光的测量发现一次流光和二次流光，并找到该流光结构同脉冲电参数之间的关系，同时通过光谱测量分析得一次流光和二次流光同电子能量分布的关系，最终提出一次流光的重要性，并以此来设计电源和放电反应器，以求达到优化的脉冲电晕放电特性。

2.1.2 电源和放电反应器

电源和放电反应器是脉冲电晕法研究的实体，脉冲电晕放电特性和反应机理的研究目的均是优化电源和放电反应器系统。

高压窄脉冲电源回路的设计有许多，主要是利用电容储能并通过火花隙开关形成和传输高压窄脉冲能量。电源研究所追求的是电源效率、输出特性、大功率实现和运行可靠等。利用直流谐振充电已使充电效率大于 90%，但其仍未重视在优化输出特性时放电回路的效率。为了实现优化的输出特性，主要进行了两方面的努力，即：高的峰值电压，最高电压已达 150 kV；陡的上升前沿，这需要放电回路有小的分布电感，达微亨（μH）量级。在工业性试验中，电源功率已达 40 kW，脉冲重复频率最高也已达 1 100 Hz。虽然对相关可靠性研究的报道较少，但这是至关重要的一方面。

由脉冲电晕放电特性和反应机理的研究结果可见，电源和放电反应器两者必须相结合进行研究。放电反应器作为电源负载必须同电源匹配，即经传输线传输到放电反应器的脉冲能量全部注入放电反应器，而未沿传输线返回。同时，除电源本身外，放电反应器尺寸、结构和烟气成分等均影响脉冲波形。另外，Yan 等进行了电源和反应器设计的研究，确定了工业性试验中关键参数的设计依据。

2.2 脉冲电参数测量

2.2.1 实验装置、问题与相关分析

图 2.1 所示为脉冲电参数测量原理图，包括电源原理图和脉冲电参数测量系统。高压窄脉冲由直流电源 DC，旋转火花隙开关 RSGS1、RSGS2，限流电阻 R，脉冲形成电容 C_p，以及传输线等组成。放电反应器为内径 53 mm 的不锈钢圆筒；电晕线为 4 × 4 mm 的星形线，有效长度 1 m；放电反应器中气体流量为 1 Nm³/h。测量系统包括：日本 IWATSU ELECTRIC 公司的 HV-P60 型高压探头，衰减比 2 000：1，波形畸变 ±5% 以下，上升时间小于 7 ns；美国 TEKTRONIX 公司的 A6303 型电流探头，直流测量精度 ±3%，上升时间小于 23 ns，畸变小于 ±5%；美国 HEWLETT-PACKARD 公司的 54503 数字示波器，频带宽度 500 MHz，最大采样速率 20 MSa/s，垂直精度 ±1.25% 满量程，水平精度 ±2%，上升时间 700 ps。

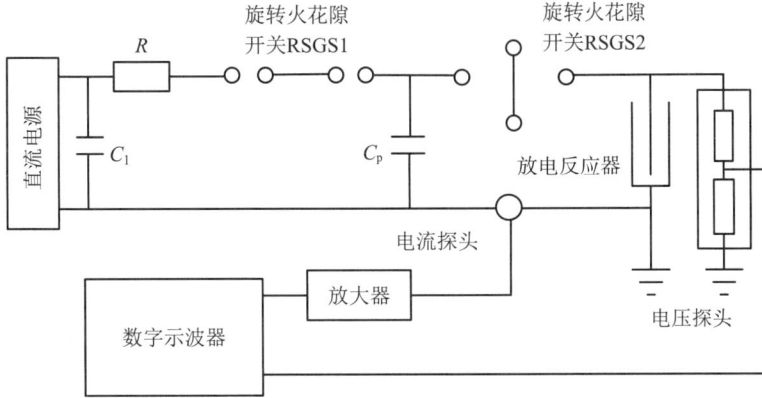

图 2.1 脉冲电参数测量原理图

存在问题和原因分析:

在一般电路中看作突变的信号,在此必须以纳秒和 / 或微秒为时基获得这一暂态信号。这就导致电源本身所辐射的高频干扰和杂散信号对测量信号起作用。对图 2.1 电源进行测量,发现存在以下主要问题;

(1)电压和电流波形叠加着严重干扰信号,掩盖了真实信号。

(2)电压和电流波形失真,甚至得到旋转火花隙开关 RSGS2 耗能为负值的错误结果。

(3)充放电中地线电位有明显变化。

(4)电流波形干扰更大,除了波形失真,还有高频干扰和杂散磁场的影响(见图 2.2—图 2.4)。

(5)脉冲形成电容 C_p 上充放电电压波形叠加在一起(见图 2.5)。

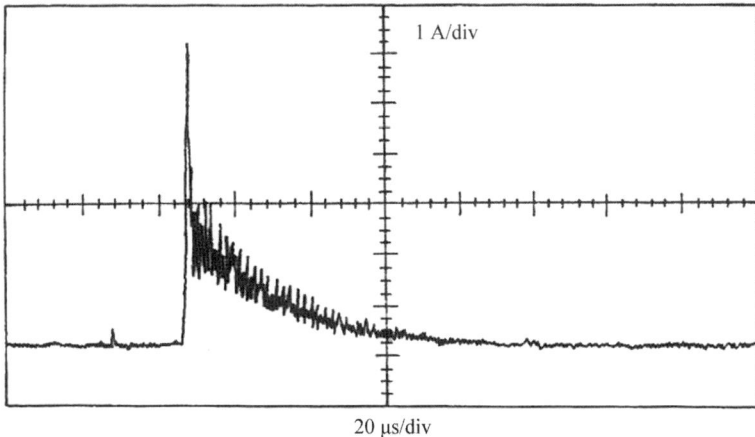

图 2.2 受严重干扰的充电电流波形

13

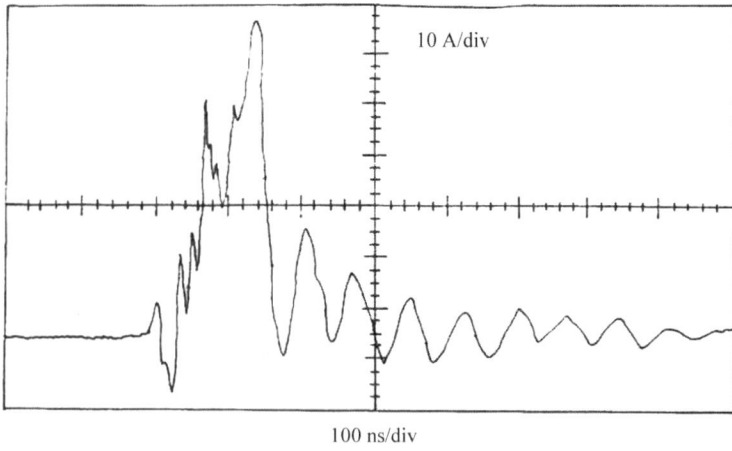

10 A/div

100 ns/div

图 2.3 受严重干扰的放电电流波形

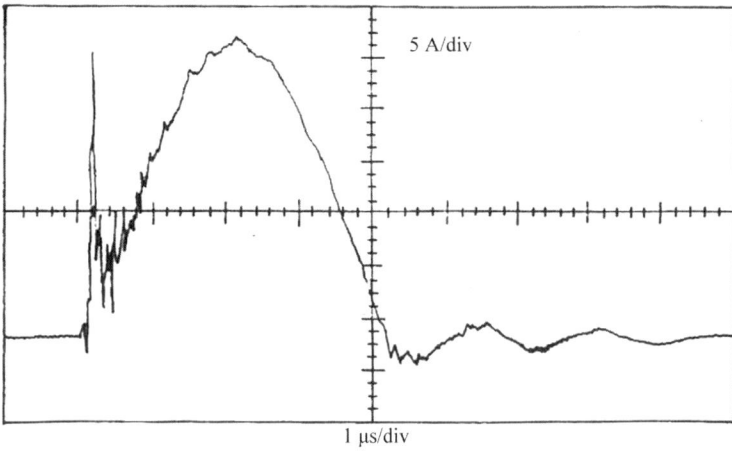

5 A/div

1 μs/div

图 2.4 直流谐振充电时受干扰的充电电流波形

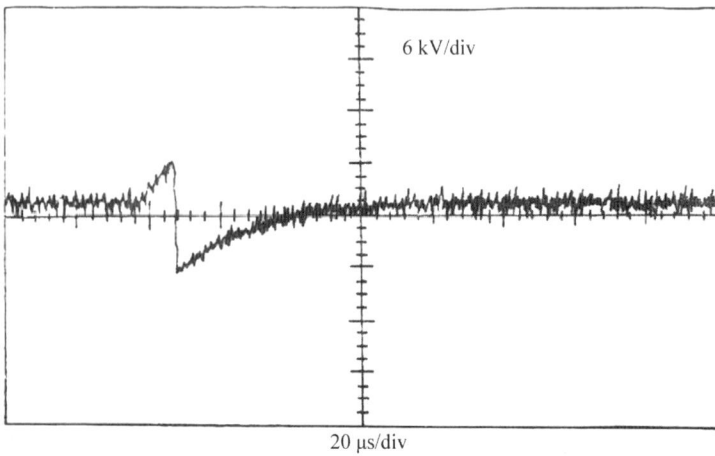

6 kV/div

20 μs/div

图 2.5 充放电电压波形相叠且杂散严重

给测量带来严重问题的原因是：回路中存在寄生电感和电容，特别是火花隙放电时存在强烈的振荡。再加上因高频振荡引起的空间电磁波和杂散磁场作用于测量探头及其传输线，造成干扰信号与真实信号叠加，从而引起波形带有高频振荡、杂散严重和失真，还会引起误触发，即不同波形叠加。

2.2.2　消去干扰和失真措施及精确测量方法

（1）高压窄脉冲电源置于双层屏蔽网中，使示波器、电流探头和增幅器有良好的屏蔽。电源充放电回路一点接地，避免因地电位抬高带来人身和仪器的危险。

（2）为减小电压探头地端电位变化，另引测量地线作为电压探头的地端。电压探头地端与其同轴传输线屏蔽网线，示波器地端和电流探头传输线屏蔽网线相连，因此对整个测量系统均起屏蔽作用。另外用高压绝缘线代替裸铜线作为电流探头探测处的回路地线，并使该线与探测槽垂直放置，避免杂散磁场对电流测量的影响。

（3）利用测量仪器去高频干扰和杂散信号的功能，使获得的波形光滑。如遇到两信号叠加，并且不能用示波器触发电位高低把它们分开时，应手动抓获所需信号。例如：C_p 充电电压波形获得。

（4）因电压探头另引地线，可以测量回路中地线电压，这样对电源回路中任何元件两端电压波形相减，得该元件上的真实电压降。经电流探头转换后的信号很弱，所以信号传输线所受电磁波对信号干扰大。干扰不可能完全避免，但可通过测量干扰信号，将电流信号与干扰信号相减得到真实的电流信号。以上对电压和电流测量所采用的措施同时也消去了示波器零点的偏移，该措施称为"补偿"。

（5）电压探头因集成一体，对地漏流可以忽略，本身电容很小，所以不必考虑电压波失真。但对电流测量应选适当的时基和灵敏度，测得不失真的电流波形。在测量中，必须做到干扰足够小、波形不失真、减小人为误差，才能达到精确测量的目的。

2.3　电源和放电反应器系统优化

影响脉冲电晕放电特性的因素有许多，但尚未对其有系统研究，也未提出最佳脉冲电晕放电特性的依据。电源和放电反应器的匹配是实现最佳脉冲电晕放电特性所必需的，但未引起足够的重视，未见对匹配实现的原因以及匹配在其中所起的作用的深入研究，所以电源和放电反应器的优化也未得到很好的解决。

2.3.1　影响脉冲电晕放电特性的因素

用脉冲电参数来反映脉冲电晕放电特性，主要研究结果已在本章中总结过，除此之外还较细致地考虑了其他诸多因素。通过对文献以及优化电源建议的分析，作者认为火花隙开关特性对脉冲上升时间起决定作用。

放电反应器对脉冲电晕放电特性的影响已引起许多研究者的注意，其结构和尺寸决定着电晕等离子体时空分布。图 2.6 给出了一组脉冲电压和电流波形，因放电反应器尺寸不同，波形特性也不同。遗憾的是，有关放电反应器结构和尺寸对脉冲电晕放电特性影响的研究较少。除了放电反应器结构和尺寸对脉冲电晕放电特性有影响外，处理气体成分也有很大的影响。O_2 含量的增多有助于脉冲能量的注入。相对湿度增大使脉冲波形振荡减小，脉冲电流上升时间缩短，脉冲能量集中，如图 2.7 所示。

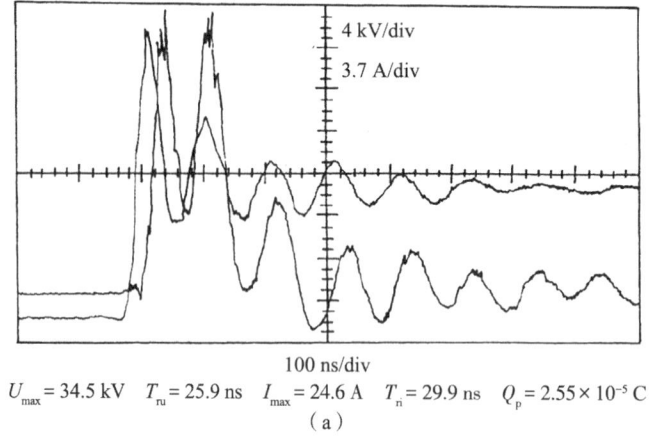

4 kV/div

3.7 A/div

100 ns/div

U_{max} = 34.5 kV T_{ru} = 25.9 ns I_{max} = 24.6 A T_{ri} = 29.9 ns Q_p = 2.55 × 10^{-5} C

（a）

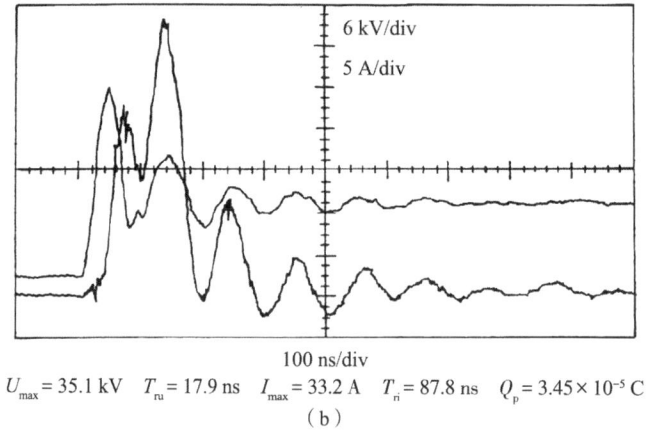

6 kV/div

5 A/div

100 ns/div

U_{max} = 35.1 kV T_{ru} = 17.9 ns I_{max} = 33.2 A T_{ri} = 87.8 ns Q_p = 3.45 × 10^{-5} C

（b）

图 2.6 放电反应器尺寸不同脉冲波形比较

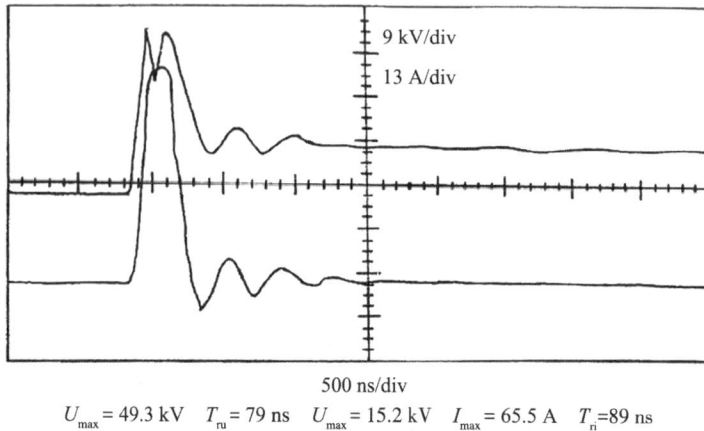

9 kV/div

13 A/div

500 ns/div

U_{max} = 49.3 kV T_{ru} = 79 ns U_{max} = 15.2 kV I_{max} = 65.5 A T_{ri} = 89 ns

图 2.7 相对湿度较大时脉冲波形

2.3.2　最佳脉冲电晕放电特性判据与优化

前述已概括了脉冲电晕放电特性优化的主要结论，除此之外实验还得到如下结论：如果达到电源和放电反应器匹配，不但能减小脉冲能量在传输过程中的损失，而且还能提高能量利用率；如果脉冲电流上升时间同脉冲电压上升时间相比差值大，则表示脉冲电晕形成受限；如果单次脉冲脉宽窄则放电能量利用率高，文献对流光结构的观察结果恰好解释了这一现象。大量研究结果表明，虽然显著提高了注入放电反应器的单次脉冲能量，但对于脉冲能量的利用率并不高。

在脉冲流光形成过程中，脉冲电压瞬态值的大小对应着放电反应器内电场强度（空间电场）的大小；脉冲电流瞬态值的大小可近似地对应放电反应器内高能电子的密度。把脉冲电晕放电特性优化等价成在电场强度强的瞬态有高的电子密度是合理的。

基于上述实验和分析，提出脉冲电晕放电特性最佳的判据：若 P_{max}/W_p 达到实验条件所允许的最大值，则脉冲电晕放电特性最佳。P_{max} 表示脉冲能量峰值；W_p 表示单次脉冲的能量；P_{max}/W_p 的量纲为时间 t 量纲的倒数，该值表示能量脉冲的集中程度。如果 f 表示脉冲重复频率，则 $(P_{max}/W_p) \cdot f$ 为无量纲的脉冲能量，其值大小表示脉冲能量利用的有效程度。所以脉冲能量集中，则脉冲电晕放电特性最佳。所谓的脉冲能量集中，是指脉冲能量波形的上升沿和下降沿陡、脉宽窄且振荡小。此时 P_{max} 趋向 $(U_{max} \cdot I_{max})$，U_{max} 为脉冲电压峰值，I_{max} 为脉冲电流峰值。

电源和放电反应器匹配是指电源通过传输线传输到放电反应器的脉冲能量被放电反应器全部吸收而无沿传输线反射，在脉冲电参数上表现为脉冲电压、电流和能量波形无振荡。匹配是反映脉冲电晕放电特性的重要方面。

在小型实验装置上，只要减小回路分布电感即可达到较好匹配（见图 2.8），但这不适用于工业规模应用。图 2.9 中所示电源通过调节直流基压也得到文献所给的一致结果（见图 2.10），另外通过调节放电反应器并联电容得如图 2.11 所示的脉冲电参数。上述努力加上图 2.7 所示结果均达到较好的电源和放电反应器匹配。

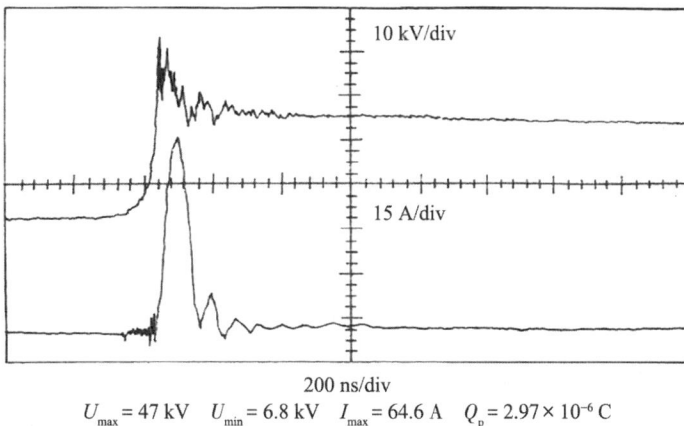

10 kV/div

15 A/div

200 ns/div

$U_{max} = 47$ kV　　$U_{min} = 6.8$ kV　　$I_{max} = 64.6$ A　　$Q_p = 2.97 \times 10^{-6}$ C

图 2.8　放电回路分布电感小时脉冲波形

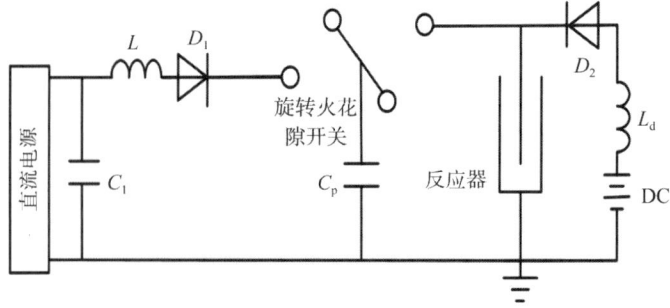

图 2.9 脉冲电源原理图

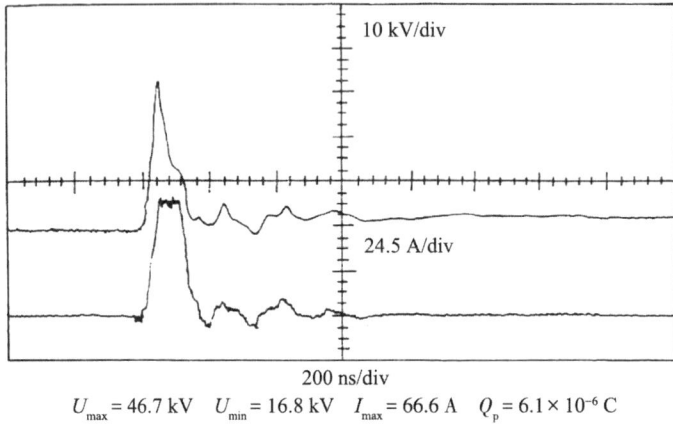

$U_{max} = 46.7$ kV　　$U_{min} = 16.8$ kV　　$I_{max} = 66.6$ A　　$Q_p = 6.1 \times 10^{-6}$ C

图 2.10 加一定基压时脉冲波形

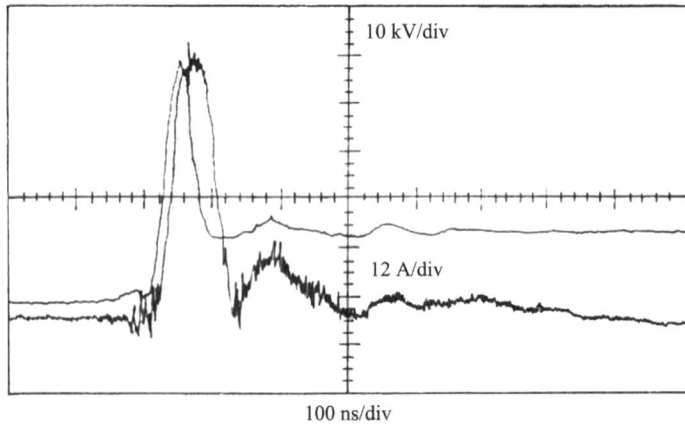

图 2.11 放电反应器并联电容时脉冲波形

　　上述给出的达到电源和放电反应器匹配的各种方法，在所得的脉冲波形中有一共同特点，即脉冲电压波形拖尾的电压值较高，此时不存在脉冲流光，但存在直流电晕。所以达到匹配的原因有可能是存在直流电晕。直流电晕的存在促进脉冲流光的形成，因为由流光理论可知流光形成分若干阶段，如雪崩、空间电荷形成和流光阶段等，所以直流电晕使放电反应器在注入脉冲能量时能更快地过渡到流光阶段。这同时也解释了达到匹配时使脉冲电流上升沿变陡且峰值更高。但除了如图 2.10 所示始终存在直流基压外,其他三种情形均不存在恒定的直流基压。在如图 2.8 所示的实验中因回路电感小,所以在脉冲流光形成后电容能足够快地向放电反应器提供能量,从而维持较高的拖尾而不引起振荡。如图 2.11 所示的实验结果正好利用第一种情形使与放电反应器并联的电容在脉冲流光形成之前先充电,然后在脉冲流光形成以后维持较高的直流基压。在如图 2.7 所示的实验中,由于相对湿度较高,加之水分子团对电子和离子的吸附作用,从而可在短时间内维持空间电场而达到匹配。另外,文献中给出用电感和电阻串联再与放电反应器并联,同样起储能作用,也一样可以达到电源和放电反应器匹配。

本节首先优化电源的输出特性,然后结合放电反应器,选择适当的脉冲形成电容容值,使获得的脉冲宽度窄但不影响峰值电压提高。通过调整放电回路,电源和放电反应器基本匹配。最后增大放电反应器中处理气体的相对湿度(通过调节气体温度和含水量),使电源和放电反应器系统得到优化(见图 2.12)。

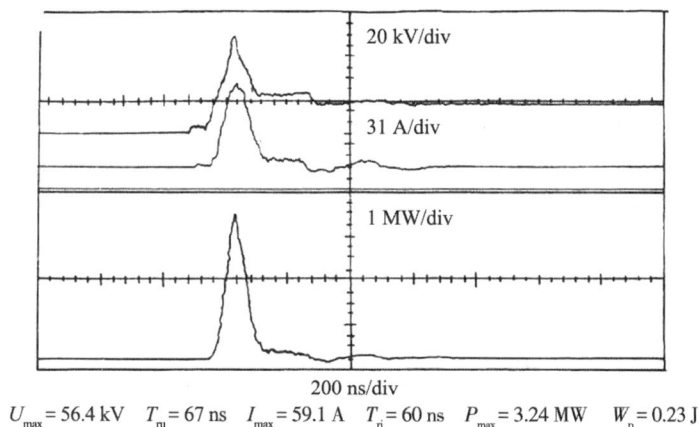

20 kV/div

31 A/div

1 MW/div

200 ns/div

U_{max} = 56.4 kV　T_{ru} = 67 ns　I_{max} = 59.1 A　T_{ri} = 60 ns　P_{max} = 3.24 MW　W_p = 0.23 J

图 2.12　优化的脉冲波形

2.4　脉冲电晕放电在烟气脱硫中的应用

2.4.1　烟气脱硫技术现状

由于酸雨危害日益严重,发达国家制定了严格的 SO_2 排放标准,并积极进行了烟气脱硫技术的研究和应用。

在工业化国家,已经进入大规模工业应用的烟气脱硫技术为纯化学方法,分干法和湿法。文献概述了 20 世纪 80 年代日本和美国应用的主要脱硫技术,总结了北美地区过去二三十年控制 SO_2 排放的商用技术。但这些方法存在设备庞大,投资大,运行费用高,有二次污染,结垢和再热等诸多缺点。经过近年的努力,这些方法在应用过程中有了许多改进,有效地解决了上述许多问题。到目前为止,化学方法是较为成熟的商用技术。

为了寻求更为先进的烟气脱硫技术,日本原子能研究所(JAERI)在 20 世纪 70 年代提出了电子束法。该方法利用电子加速器产生的高能电子束辐照烟气,使烟气中 O_2、H_2O

和其他分子转化成 OH、O 和 HO_2 等强氧化性粒子和自由基。这些粒子氧化烟气中的 SO_2 和 NO_x，生成中间产物 H_2SO_4 和 HNO_3。这些中间产物同预先按化学计量注入的氨反应，生成 $(NH_4)_2SO_4$ 和 NH_4NO_3，最终产物由静电除尘器和布袋除尘器收集。电子束法的优点为能同时高效脱除 SO_2 和 NO_x，操作简单，干法副产品为有用的化肥，投资低和运行费用低等；缺点是需要造价高昂的电子加速器和防辐射装置等。目前已经进入工业性试验的有日本原子能研究所、卡尔斯鲁厄理工学院（KIT）、荏原制作所（EBARA）和波兰核化学与技术研究所（INCT）等，处理烟气量在几十千标准立方米/时以下，在吸收剂量小于 15 kGy 时，对 SO_2 的脱除率约 95%，对 NO_x 的脱除率大于 80%。

另一种得到较大发展的烟气脱硫方法为脉冲电晕法，是在 20 世纪 80 年代由 S. Masuda 提出的。脉冲电晕法脱硫借鉴了电子束法成功的经验，同时用高压窄脉冲电晕放电产生高能电子来替代电子加速器产生高能电子，所以该法相对于电子束法的优缺点都集中表现在这一替代上。其优点在于相对于电子束法少了电子加速器和防辐射装置等，因此较大地减少了一次投资；其缺点是产生的电子能量较低且在放电反应器内分布不均等，为了达到较高的脱除率耗能较大。目前已进行工业性试验的有意大利、美国和日本等国，处理烟气量在几千标准立方米/时以下，当单位体积烟气耗能为 10 Wh/Nm³ 左右时，对 SO_2 的脱除率大于 80%。

由上述分析可知，无论是电子束法还是脉冲电晕法，在规模上均未达到工业应用的水平。作者认为可能的原因是尚需获得实用的大功率加速器和高压窄脉冲电源，需对处理工艺进行进一步优化和对适应工况条件做进一步研究等。另外，文献等对烟气脱硫技术做了经济分析，J. S. Chang 的分析结果为：化学方法一次投资最大，运行费用最高；电子束法一次投资次之，运行费用最低；脉冲电晕法一次投资最少，运行费用较大。

在中国，20 世纪 70 年代开始了对化学方法烟气脱硫的研究，到 80 年代进行了较大规模的试验，在"八五"期间建成和运行了一些烟气脱硫的示范工程，但当时还未大规模地在燃煤电厂应用（指 20 世纪 90 年代初）。除此之外，中国科学家还对一些国外的脱硫技术，包括电子束法和脉冲电晕法进行了基础研究。上述调研结果说明，中国的烟气脱硫研究和应用开始起步。

2.4.2 脉冲电晕法烟气脱硫的性能

脉冲电晕法是由 S. Masuda 提出并进行的实验研究，接着在意大利、美国和日本等得到了广泛的研究，这些国家先后建立了试验工厂并投入运行，Masuda 等对火花隙开关电源的研究；Gallimberti 和 Vitello 等建立和发展了流光模型；Yan 和 Rea 提出了一次流光的重要性并进行了电源和放电反应器设计；Gallimberti 进行了流光放电中自由基产生的模型计算；Chang 提出了离子－分子反应和气溶胶表面化学反应的重要性；Li 在 Huie 和 Potapkin 的基础上进行了液相链反应分析；Masuda、Rea 和 Chang 对该技术均做了概述。

我们在前面研究中已总结了脉冲电晕放电特性的主要结果，本节对脱硫反应机理和电源和放电反应器等的研究结果做概述。

与电子束法研究相对应，在脉冲电晕法中对反应机理也进行了较多的实验和理论研究。

众多的实验研究集中在脉冲电晕、烟气成分（H_2O 和 O_2 等）以及 NH_3 等对脱硫的作用，从而获得有关反应机理的信息。这方面研究的主要结果列举如下：自由基反应脱除 SO_2 约 30%，对 SO_2 的脱除主要依赖热化学反应；H_2O 的存在能降低能量损耗，同时能提高 SO_2

脱除率；多相反应对 SO_2 脱除有利；飞灰对 SO_2 脱除有一定的促进作用，可能的原因是物理和化学吸附。

大量的研究结果表明，脉冲电晕放电脱硫实验中有诸多的因素表现出对脱除结果产生作用。除了温度和停留时间对 SO_2 脱除有作用外，作者认为下列因素对脱除结果的作用有必要进行讨论。

2.4.2.1　脉冲电晕作用

众所周知，脉冲电晕能够加速 SO_2 脱除。除此之外，本节比较了脉冲电晕存在与否的情况下 SO_2 脱除的结果。

当处理气体中注入 NH_3 时，由表 2.1 数据可知脉冲电晕使 SO_2 脱除速率加快，表现为停留时间短和脱除率高；脉冲电晕使产物成分改变，由热化学反应主要生成 $(NH_4)_2SO_3$ 转变成脉冲电晕作用下主要生成 $(NH_4)_2SO_4$ 和 $(NH_4)_2SO_3$。

由上述结果可知，在常温下 SO_2 脱除主要以热化学反应为主，对照图 2.13 和表 2.1 的第二组数据，$(NH_4)_2SO_4$ 在产物中占的摩尔百分比与图 2.13 所示对 SO_2 的脱除率相近，这可以认为脉冲电晕或电子束辐射诱导的 SO_2 氧化占总 SO_2 脱除的 10%~30%。另外，在较高温度时（60~80 ℃），也有类似图 2.13 的结果，这可以认为在温度较高时也能够得到脉冲电晕或电子束辐射对 SO_2 氧化的贡献为 10%~30%。总结上述文献结论时有一点可以肯定，即在气相中脉冲电晕或电子束辐射对 SO_2 氧化的贡献为 10%~30%。

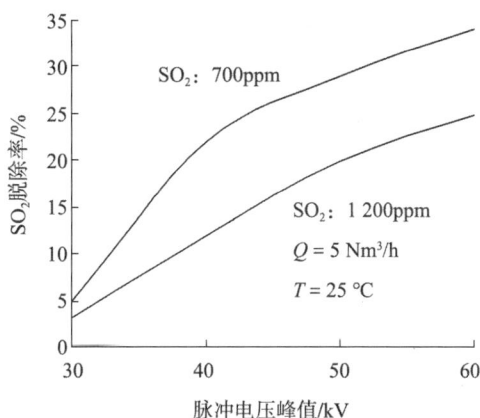

图 2.13　SO_2 脱除率与脉冲电压峰值关系

表 2.1　脱硫实验数据

$Q/$ （ Nm^3/h ）	$T/℃$	$[NH_3]/2[SO_2]$	P/W	$R.\,H./\%$	t/s	$\eta/\%$	产物成分	
							$(NH_4)_2SO_4/\%$	$(NH_4)_2SO_3/\%$
5	25	1	—	50	8	75	2	96
8~16	25	0.8	10~25	40~65	2~3	75~80	25~45	55~75
10	25	0.8	20	80	3	80	90	10
4~5	50~55	1	8.5	60~85	5.5~7	85	>98	—
4	60~68	1	8.5	>60	7	80	>98	—

注：SO_2 初始浓度为 1 500~2 000ppm，产物中还含有少量的 $(NH_4)_2S_2O_3$。

2.4.2.2　烟气相对湿度作用

在常温实验中，偶然发现模拟烟气的相对湿度对脉冲电晕脱硫起至关重要的作用。

由图 2.14 可知，在流量、温度和注入脉冲能量等条件不变的情况下，只改变模拟烟气相对湿度，产物成分发生根本的变化，即由相对湿度低时产物成分绝大部分为 $(NH_4)_2SO_3$ 转变为相对湿度高时产物成分绝大部分为 $(NH_4)_2SO_4$。较多重复实验（主要是高相对湿度时的实验）确证了这一点（见图 2.15）。所以常温下认为以热化学反应为主这一结果必须有一条件，即相对湿度较低。当相对湿度高时，常温下脉冲电晕对 SO_2 氧化的贡献可达 90% 以上。这一作用不应是由热化学反应引起的，因为热化学反应氧化 SO_2 的速率非常缓慢。由于相对湿度高，在处理气体中存在液相是合理的，所以多相自由基反应导致 SO_2 氧化可以更合理地解释上述现象。另外，外推到较高温度时，在相对湿度高时有可能有类似的结果。

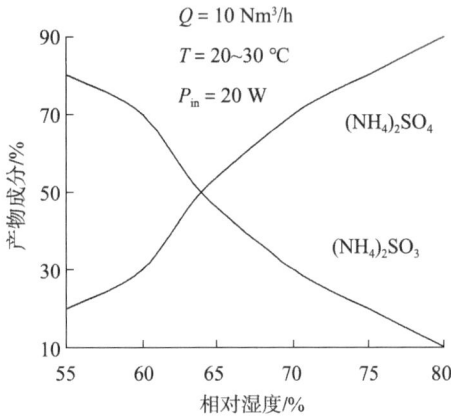

图 2.14　产物成分与相对湿度的关系　　　　图 2.15　$(NH_4)_2SO_4$ 含量与脉冲功率的关系

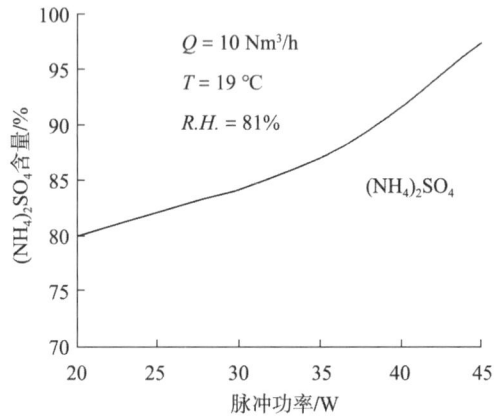

除上述实验外，还进行了较多的温度为 50~70 ℃ 且相对湿度较高时的实验。表 2.1 中第四组和第五组实验数据给出了这一系列的实验结果，除了脱除的 SO_2 几乎全部转化成 $(NH_4)_2SO_4$ 外，对 SO_2 的脱除率也有较大的提高。此时相对湿度的测量误差较大，同时也未能收集全部产物，但上述结果是肯定的，而且同常温实验的结果相对应。

在脉冲电晕脱硫中，NH_3 和中间产物 H_2SO_4 反应生成相应的盐，使脱除后的最终产物为 $(NH_4)_2SO_4$ 等，NH_3 在此过程中起中和作用。在实验中还观察到 NH_3 有其他重要作用。

实验得到，如不向烟气中注入 NH_3，只注入脉冲能量，即使相对湿度较高，对 SO_2 的脱除率也较小。

但在上述条件下，如向烟气中注入 NH_3，其结果为 SO_2 脱除率显著提高，NO_x 浓度显著下降，且残存的 NO_x 主要为 NO。在电子束法中也有类似结果，且为了提高脱除率，NH_3 必须在脉冲电晕或电子束辐射处理前注入烟气。上述结果都已被证实而且都属显然，从中可以看到添加剂氨在处理过程中不仅仅只对酸起中和作用，从宏观上还表现为对 SO_2 和 NO_x 脱除起促进作用。

2.4.3　用于烟气脱硫的脉冲电晕放电反应器优化

在本节中，首先优化电源输出特性；结合放电反应器，选择脉冲形成电容值，获得脉冲宽度窄但不影响电压峰值提高；通过调节放电回路达到电源和放电反应器匹配。在此基础上，提高烟气相对湿度，达到电源和放电反应器优化，如图 2.12 所示。

实验得到：如果达到电源和放电反应器匹配，不但能减小脉冲能量在传输过程中的损失，而且能提高 SO_2 的脱除率（见图 2.16）；如果脉冲电流上升时间同脉冲电压上升时间相比差值大，则表示脉冲电晕形成受限制，表现为对 SO_2 的脱除效果不好；如果单次脉冲脉宽窄则对 SO_2 脱除的能量利用率高（图 2.17），文献对流光结构的观察结果恰好解释了这一现象。所以较多文献所得的结果说明注入放电反应器单次脉冲能量太多了，但不是有效注入。

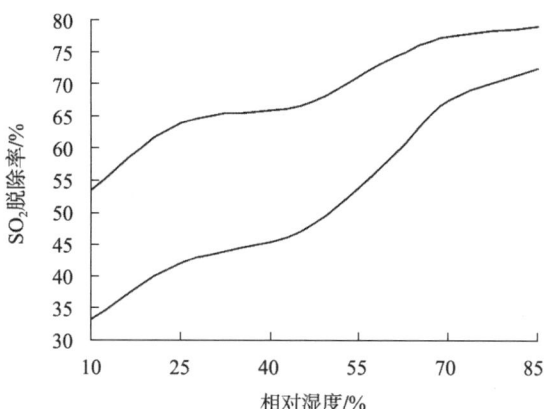

图 2.16　SO_2 脱除率与相对湿度的关系

由表 2.1、图 2.15 和图 2.17 表明，在实现优化时达到下列目标：SO_2 初始浓度 1 500~2 000ppm，烟气温度 60~70 ℃，停留时间 7 s，NH_3 化学剂量比 1∶1，总耗能为 5 Wh/Nm³，对 SO_2 的脱除率达 80%，脱除的 SO_2 几乎全部转化为 $(NH_4)_2SO_4$。

上述结果仅在一定程度上达到脉冲电晕放电特性优化。在本章中已提出火花隙开关对脉冲上升时间的决定作用，然而因实验条件所限还未做进一步的研究。另外有关放电反应器结构等对脉冲电晕放电特性的作用还未加以考虑。

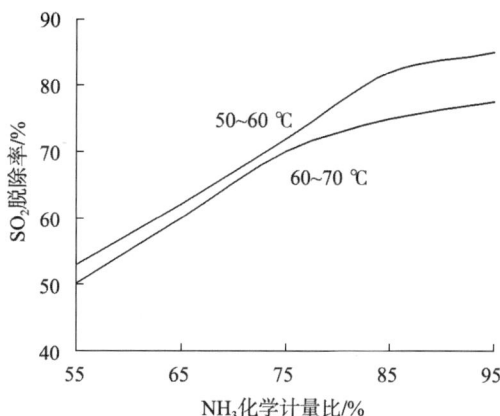

图 2.17　SO_2 脱除率与 NH_3 化学计量比的关系

23

◢章后语◤

本章内容是作者博士学位论文中一些内容的再述。为了与本书相适合，对其在形式上做了修改。对于脉冲电晕放电，大功率工业规模的应用至今尚未成熟，原因是优化特性下电源效率低、脉冲形成电容寿命有限、大规模下特性优化困难等。在此重述本章内容，有许多理由和感慨，因为毕竟做成了一些有价值的事情，对脉冲电晕放电有了一些深入理解，为以后开展其他工作积累了经验和方法。

由此我们认为，无论培养硕士研究生还是博士研究生，都是为了培养具有研究能力的人，学习过程中工作经验、技巧技能和思维方法的形成至关重要。特别是本章工作中对于脉冲放电脱硫得到一些规律性的认识，作者认为这是形成研究能力的重要方面。有关脱硫，已不需要如本章所述进行研究，在我国现已普遍应用钙法和镁法等脱硫方法。我们考虑技术可行性的同时还要考虑经济可行性，当然还要考虑其他诸多因素。

第3章

电晕放电耦合催化剂降解
低浓度 VOCs- 甲苯

本章通过大气压针阵列电晕放电与纳米催化剂的原位耦合构建等离子体催化系统，并将该系统用于低浓度典型 VOCs- 甲苯的氧化脱除研究。本章工作中首先研究了单纯针阵列电晕放电对低浓度甲苯的氧化脱除效果，优化了放电结构等相关参数；然后利用针阵列电晕放电与 Ag/TiO$_2$ 纳米催化剂的原位耦合构建等离子体催化系统，在甲苯的氧化脱除反应中同时实现了甲苯的高转化率与 CO$_2$ 高选择性；重点关注了针阵列电晕放电协同 Ag/TiO$_2$ 纳米催化剂系统放电导致的臭氧二次污染问题；最后基于等离子体放电特性诊断研究与催化剂表征研究，探讨揭示针阵列电晕放电协同 Ag/TiO$_2$ 纳米催化剂系统高效脱除低浓度甲苯的内在机制。

3.1 VOCs 污染概述

挥发性有机化合物（Volatile Organic Compounds，VOCs）是导致大气污染的一类重要污染物，其广泛存在于人类的生产和生活中，给人类的身体健康带来了极大的危害。VOCs 不仅本身具有毒性，而且可以作为前驱体在光照作用下产生近地面臭氧和光化学烟雾等毒性更高的二次污染物。为了控制 VOCs 排放导致的污染，目前大多数国家制定了严格的标准来对排放到环境中的 VOCs 进行限制。2021 年开始实施的"十四五"规划明确提出，在"十四五"期间（2021—2025），中国的 VOCs 排放总量需要下降 10% 以上。由于 VOCs 的来源广泛、成分复杂，有的组分结构稳定，且浓度低，给 VOCs 的治理带来了严峻挑战，目前世界各国正积极探索各种方式来控制 VOCs 的排放。

3.1.1 VOCs 的来源与危害

VOCs 排放源包括自然源和人为源。人为源主要来自交通源、工业源、生活源和农业源四大类。当今世界，VOCs 的来源主要有来自植物排放的自然源和来自工业、机动车等排放的人为源。研究表明，VOCs 的污染来源比较广泛，几乎所有的有机化工产品合成材料以及燃料烟叶的燃烧等都会不同程度地释放出 VOCs。在室外，VOCs 主要来自燃料燃烧和交通运输；在室内，VOCs 则主要来自燃煤和天然气等燃烧产物，以及吸烟、采暖和烹调等的烟雾，建筑和装饰材料、家具、家用电器、清洁剂和人体本身的排放等。在室内装饰过程中，VOCs 则主要来自油漆、涂料和胶粘剂。由于人类活动的复杂性和多样性，人为排放 VOCs 在城市及周边地区发挥主导作用。在不同的地区，VOCs 的来源也有所差异。例如，在北京、武汉、石家庄和郑州等城市，汽车尾气、工业过程和生物质燃烧是主要的污染源，而在上海、南京和广州等城市，溶剂使用和汽车尾气是主要的污染源。

3.1.2 主要的 VOCs 污染物

大气中 VOCs 主要是指大气压下沸点在 50~260 ℃ 范围内的有机化合物。根据化学结构可将 VOCs 分类为烷烃类、芳烃类、酯类、醛类、醇类、醚类和酰胺类等。根据沸点的不同则可将 VOCs 划分为高挥发性有机化合物（WOC）、挥发性有机化合物（VOC）、半挥发性有机化合物（SVOC）和颗粒状有机化合物（POM）。

3.1.3 VOCs 的治理

目前常用的 VOCs 治理技术有两大类：非破坏性（回收）技术和破坏性（销毁）技术。非破坏性技术是在不破坏有机物分子结构的前提下，利用改变温度、压力等物理手段对 VOCs 进行分离、富集和回收，主要有冷凝、吸附、吸收、膜分离等几种方法。破坏性技术主要是通过热、催化剂或微生物等化学或生化手段将 VOCs 转化为对环境无害的 CO_2、H_2O 等污染物，包括燃烧法、光催化氧化法和生物治理技术等。

尽管目前已有大量的 VOCs 处理方法在工业中得到了应用，但仍存在能耗高、二次污染、普适性差、易中毒等诸多问题。因此，需要进一步探索经济高效、普适性强的 VOCs 降解新技术。等离子体技术是一种新兴的 VOCs 废气处理技术，在现阶段的研究中十分活跃。等离子体技术用于 VOCs 的治理可分为两大类方法：等离子体法和等离子体催化法。

等离子体法是常压下通过高压放电产生处于非热平衡状态的等离子体 (Non-thermal Plasma, NTP) 内部的高能粒子、强氧化性自由基等活性物种与 VOCs 分子反应，将其氧化成无毒无害的小分子化合物。等离子体法可在常温常压下进行，且可以消除不同组分、不同浓度的 VOCs 废气。

等离子体催化法是将等离子体与催化剂耦合，在不同气氛下对催化剂进行放电处理，借助两者间显著的协同作用在能源效率、脱除率等方面实现重大突破。此方法有效改善了等离子体单独应用时的能量效率较低、矿化率低、有害副产物多等缺点，是当今研究的热点之一。

3.2 针阵列电晕放电特性

基于多针阵列排布构建的针阵列电晕放电反应器能够使放电产生的等离子体均匀分散于放电区域内，且易于获得高等离子体密度。因此，要基于针阵列电晕放电构建高效等离子体催化系统需要首先了解电晕放电反应器的放电特性，这利于实现后续电晕放电与纳米催化剂间的高效耦合。因此，本节采用电学与光学诊断技术对大气压针阵列电晕放电反应器进行了放电特性的诊断。

3.2.1 电学诊断

前期的优化结果表明，对于大气压下的多针对板电晕放电，在 d_{NN}=20 mm 时其放电相对稳定且能量密度较高，因而本研究中 d_{NN} 确定为 20 mm。图 3.1 考察了 d_{NP} 值对正、负电晕放电伏安特性的影响。由图 3.1 可知，对于大气压多针对板正、负电晕放电而言，它们的放电电流均随电压的升高而逐渐增大；但相较于正电晕〔见图 3.1（a）〕、负电晕〔见图 3.1（b）〕而言拥有更宽的电压范围，且在相同电压下的放电电流更高。同时，相同条件下，电晕放电的电压范围也随 d_{NP} 的增大而增宽。值得注意的是，在电压逐渐增大，由起始值增至出现火花放电这一过程中，正、负电晕在出现火花放电之前必然经历了不同的放电阶段（如引言所述）；然而图 3.1 给出的伏安特性曲线并未体现明显的阶段性变化，这表明仅通过伏安特性曲线难以识别电晕放电的各放电阶段。

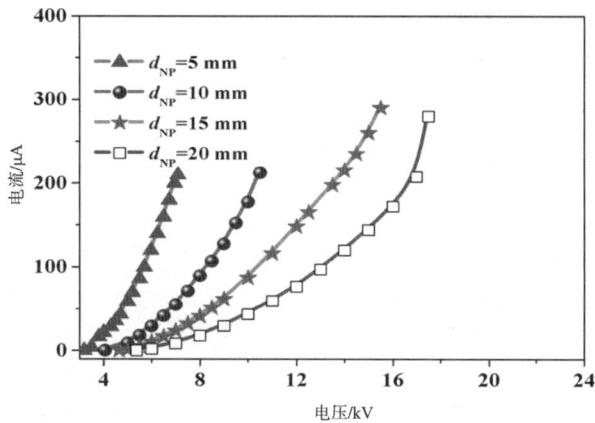

（a）正电晕

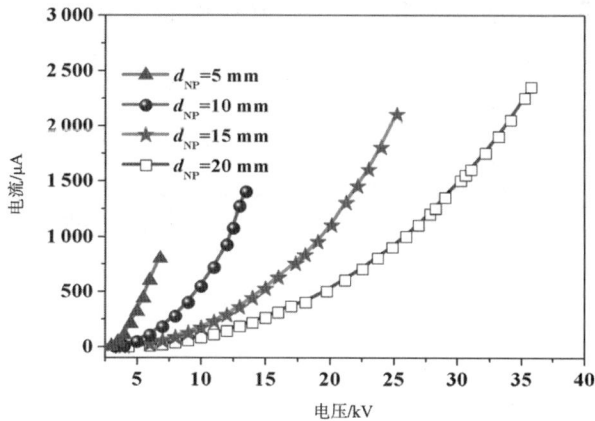

（b）负电晕

图 3.1　多针对板正电晕与负电晕放电伏安特性曲线

3.2.2　光学诊断

3.2.2.1　放电图像

在电学诊断结果的基础上，为了对大气压多针对板电晕放电的各放电阶段划分及其放电特性有更直观的认识，我们使用单反数码相机对放电形貌随电压的演变发展进行了采集。考虑到 d_{NP} 值较大时电晕放电的阶段变化较明显，且放电稳定，本节中的光学诊断研究均在 $d_{NP}=20$ mm 下进行。图 3.2 是不同电压范围对应的正、负电晕放电图像。由图 3.2（a）可知，在 0~10 kV 电压范围内正电晕处于猝发流光放电阶段，因该放电过程发光较弱，相机未能拍到明显的放电图像；随着电压增至 11 kV，在针尖位置能够观察到微弱光芒；电压逐渐增至 17 kV，放电区域的发光变强并蔓延至平板电极端，该阶段是稳定的辉光阶段；当电压进一步升至大于 18 kV 时，针板电极间已有明亮的流光形成，并向火花放电阶段发展，说明此时放电处于预击穿流光与火花阶段。类似地，对于图 3.2（b）所示的负电晕，随着电压的升高也可分为三个放电阶段，即 0~8 kV 的 Trichel 电晕阶段，9~28 kV 的辉光阶段以及大于 29 kV 时的预击穿流光与火花阶段。显然地，放电图像不仅形象直观地描述了多针对板电晕放电形貌随电压升高的阶段变化过程，而且其结论与 c-V 曲线所得结论基本一致，验证了基于 c-V 曲线划分放电阶段的合理性。此外，我们还可以注意到，负电晕较正电晕除电压范围跨度更大外，其在辉光阶段的发光区域也比正电晕要宽，意味着负电晕能产生更大体积的冷等离子体区域。

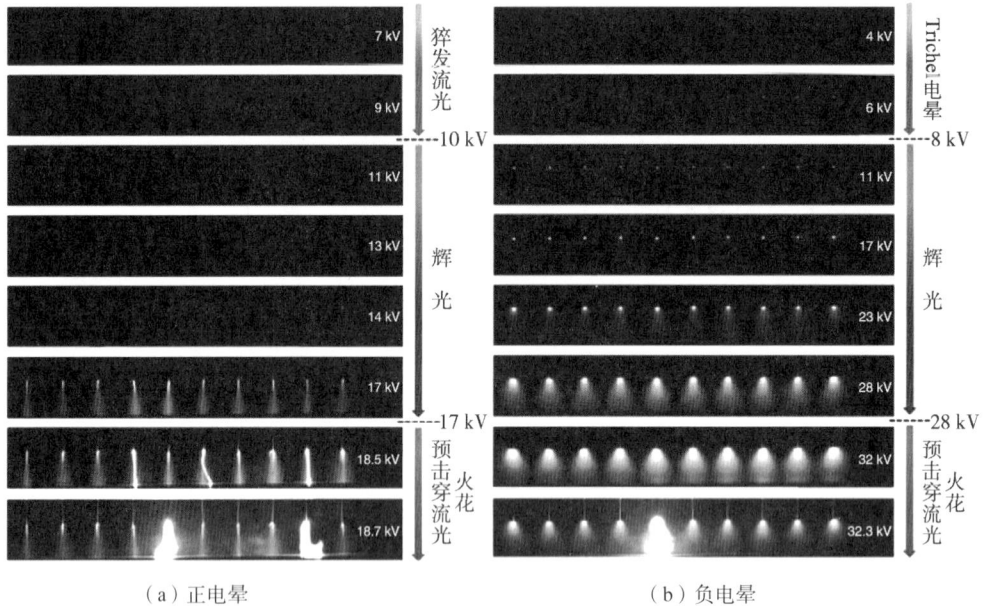

（a）正电晕 　　　　　　　　　　　　（b）负电晕

图 3.2　多针对板正电晕与负电晕的放电图像

3.2.2.2　发射光谱诊断

发射光谱诊断技术是一种能够无干扰检测放电等离子体区活性物种，分析计算等离子体基本参数的有力手段。研究多针对板电晕放电区的激发态物种以及等离子体参数（T_{rot}、T_{exc} 等）在不同放电阶段的变化规律，对理解其实际应用中的反应机理和相关动力学过程具有重要意义。图 3.3 中给出了 $d_{NP}=20$ mm 条件下空气（添加 10%Ar 内标气）正、负电晕的发射光谱图。可知，在正、负电晕下均可观测到 N_2^+、N_2、O 与 OH 等物种的激发谱线。这是由于电晕放电中，电子在电场作用下加速并与中性气体分子碰撞产生离子和激发态物种。另外，在 300~400 nm 的波长范围内能够清晰地观测到处于激发态 N_2 分子的振动谱线

（$C^3\Pi_u \rightarrow B^3\Pi_g$），激发态分子间的有效碰撞和能量转移在电晕放电应用中起着重要作用。因此，我们对 N_2 分子振动谱线在各放电阶段的变化规律进行了进一步考察。

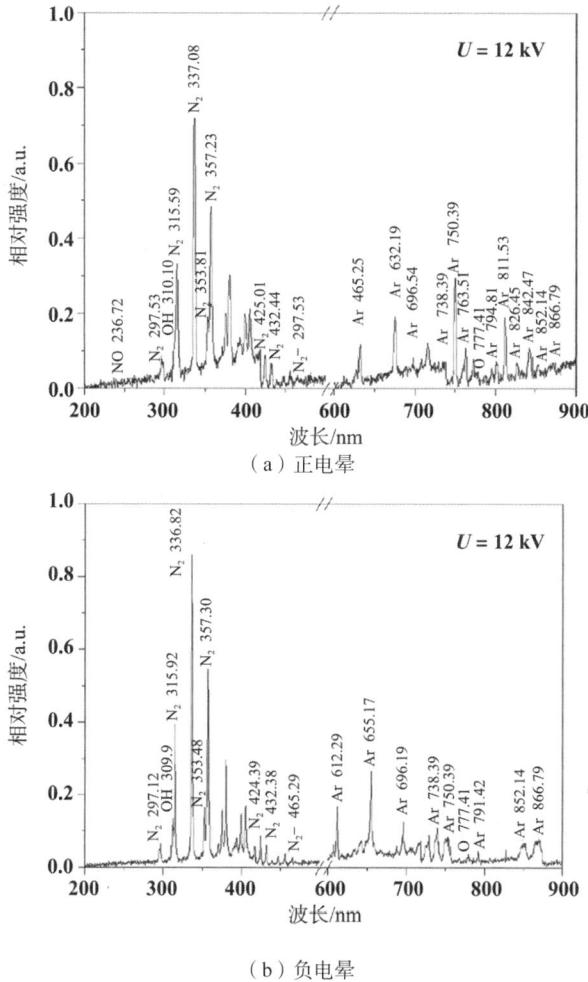

（a）正电晕

（b）负电晕

图 3.3　多针对板正电晕与负电晕的发射光谱图

图 3.4 所示为正、负电晕放电中 N_2 分子振动谱线强度随电压增加的变化规律。可以看出，因正、负电晕放电随电压增加而逐渐增强，所以 N_2 ($C^3\Pi_u$, 1) $\rightarrow$ N_2 ($B^3\Pi_g$, 0) 与 N_2 ($C^3\Pi_u$, 0) $\rightarrow$ N_2 ($B^3\Pi_g$, 0-2) 的发射谱线强度均随电压的增大而增加。同时我们还注意到，当电压增至较高数值时，N_2 分子振动谱线的强度会呈现迅速上升趋势。如正电晕在 5~12 kV 的电压范围内，N_2 分子振动谱线强度呈缓慢增加趋势，但当电压升至 17 kV 时，其谱线强度较 15 kV 时提高了近 5 倍，这可归因于放电阶段的改变带来的显著变化。进一步地，我们针对 N_2 ($C^3\Pi_u$, 0) $\rightarrow$ N_2 ($B^3\Pi_g$, 0) 的发射谱线，研究了在正、负电晕条件下其强度随电压增加的变化规律。从图 3.4（a）可以清晰地看出，谱线强度在电压由 5 kV 升至 16 kV 的过程中是缓慢增加的，这是由于系统注入能量随电压增大而增加，使更多 N_2 分子激发；当电压升至 17 kV 后，放电自辉光向预击穿流光及火花过渡，会产生明亮的流

光通道，因而此时谱线强度转为迅速升高，并在 18 kV 时达到 55 000。类似地，负电晕中 N_2 分子振动谱线强度在 Trichel 电晕与辉光阶段随电压增大相对缓慢增加，且因 Trichel 电晕与辉光间的差异，在 8 kV 前后谱线强度变化也有显著差异，当电压大于 25 kV 后伴随流光的逐渐产生谱线强度快速上升〔见图 3.4（b）〕。综合看来，N_2 分子振动谱线强度随电压的改变能够反映放电阶段的变化，其判断结果与前面所得结论基本一致（正电晕的猝发流光与辉光阶段因发光较弱未见明显差别）。值得注意的是，同预击穿流光及火花阶段谱线强度的剧烈改变相比，辉光阶段谱线强度随电压的缓慢增加意味着该阶段的放电更加稳定。

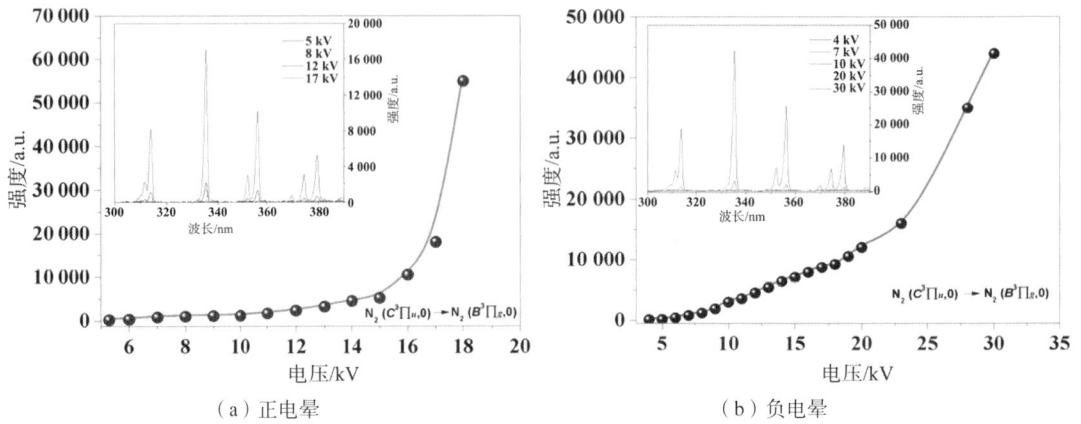

图 3.4　多针对板正电晕与负电晕的 N_2 分子振动谱线强度随电压的变化

　　基于上述光谱诊断结果，可进一步对各放电阶段的等离子体参数进行计算。在本研究中，我们分别采用 SPECAIR 光谱拟合法和 Ar 谱线强度比法对 N_2 的 T_{rot}、T_{vib} 以及等离子体 T_{exc} 进行了计算。图 3.5（a）所示为使用 SPECAIR 软件对正电晕实验所得 N_2 第二正带系（$C^3\Pi_u \rightarrow B^3\Pi_g$）谱图的拟合图，图 3.5（b）给出的是进行 T_{exc} 计算所选用的位于 763.51 nm（$2P_6 \rightarrow 1S_5$）与 772.42 nm（$2P_2 \rightarrow 1S_3$）的 Ar 谱线图（正电晕）。此处，计算 T_{exc} 基于局部平衡模型，可表达为方程式（3.1）。

$$T_{exc} = \frac{E_1 - E_2}{k} \left/ \left(\ln\frac{A_1 g_1 \lambda_2}{A_2 g_2 \lambda_1} - \ln\frac{I_1}{I_2} \right) \right. \tag{3.1}$$

式中，1 与 2——位于 763.51 nm 和 772.42 nm 处的谱线；

I——对应谱线的强度；

λ——谱线波长；

g——能级统计权重；

A——相应能级间跃迁概率；

E——激发能；

k——玻尔兹曼常数。

T_{exc} 计算中所用的所有参数如表 3.1 所示。

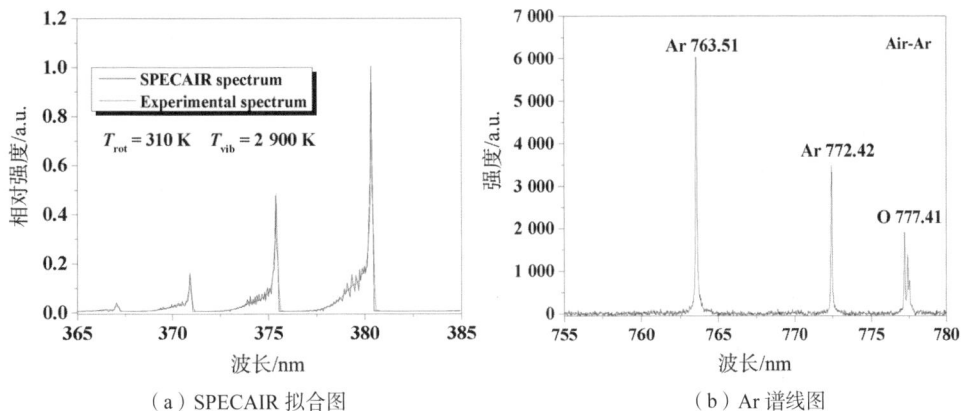

（a）SPECAIR 拟合图　　　　　　　　　　（b）Ar 谱线图

图 3.5　多针对板正电晕的 SPECAIR 拟合图及用于 Texc 计算的 Ar 谱线图

表 3.1　Ar 谱线强度比法计算 T_{exc} 所用参数

Λ/(nm)	E/(eV)	跃迁转变	g	A/(10^6 s^{-1})
763.51	13.20	$2P_6 \rightarrow 1S_5$	5	24.5
772.42	13.36	$2P_2 \rightarrow 1S_3$	3	11.7

　　图 3.6（a）与 3.6（b）分别为正、负电晕的 T_{rot}、T_{exc} 和 T_{vib} 随电压变化图。可以看出，正、负电晕均存在 $T_{exc}>T_{vib}>T_{rot}$，这表明大气压多针对板电晕放电是一种典型的非热放电。正电晕的 T_{exc} 与 T_{vib} 随电压增大呈现峰形变化，并在 13~15 kV 取得最高值（分别为 3 300 K 与 3 000 K），T_{rot} 先随电压升高缓慢增加后变为快速上升。这是由于在猝发流光与辉光放电阶段，电子从电场中获得能量并可通过碰撞使 N_2 分子的振动能量逐渐累积，但此时碰撞对气体温度影响不大，所以 T_{exc} 与 T_{vib} 远高于 T_{rot}；在预击穿流光及火花阶段，等离子体密度的显著提高使粒子间碰撞频率与能量转移速率加快，此时 T_{exc} 与 T_{vib} 会有所下降，T_{rot} 则明显提高。负电晕的相关等离子体参数变化趋势同正电晕基本一致：T_{exc} 与 T_{vib} 随电压约增大至 25 kV 时取得最高值（分别为 3 000 K 与 2 600 K），T_{rot} 随电压升高逐渐增加。图 3.6 所示结果表明了等离子体温度这一参数也可作为放电阶段的判据，特别是对于辉光阶段向预击穿流光和火花过渡阶段的判断，其判定结论与基于电学以及 N_2 分子振动谱线强度的判定结论吻合。

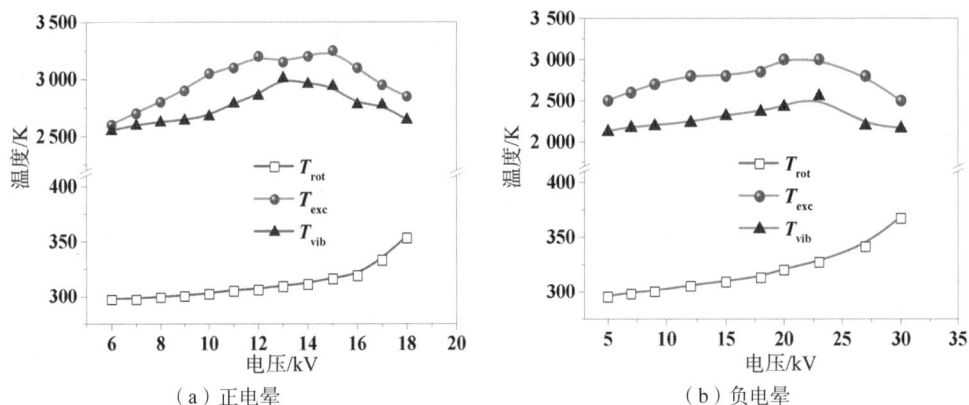

（a）正电晕　　　　　　　　　　　　（b）负电晕

图 3.6　多针对板正电晕与负电晕的 T_{rot}、T_{exc} 及 T_{vib} 随电压的变化

图 3.6 中对等离子体温度的计算结果表明，大气压下多针对板电晕放电是典型的冷等离子体，其气体温度（T_{rot}）低于 363 K，而 T_{exc} 与 N_2 分子的 T_{vib} 较高。因此，该放电产生的高能电子和激发态高活性物种对其应用十分重要。正电晕的猝发流光与负电晕的 Trichel 电晕阶段放电较弱，它们虽具有较高的 T_{exc} 与 T_{vib}，但等离子体密度很低；处于较高电压下的正、负电晕辉光阶段，T_{exc}、T_{vib} 以及等离子体密度均有显著提高，且放电稳定均匀。至于预击穿流光与火花阶段，等离子体密度较辉光阶段会进一步地增大，T_{exc} 与 T_{vib} 则有所下降，但该阶段放电很不稳定且不均匀，倾向于向单针弧放电发展。此外，相较于正电晕，负电晕在辉光阶段能够产生更大体积的等离子体区域（如图 3.2 所示）与更高的等离子体密度。

3.3 针阵列电晕放电耦合催化剂降解低浓度甲苯

基于针阵列电晕放电构建等离子体催化系统的放电反应器示意图如图 3.7 所示，电极结构采用前期研究中优化得到的结构参数：高压电极端由 10 根针（针尖半径 0.1 mm）直线等间距（10 mm）排列组成；地极为不锈钢金属板（长 × 宽 × 厚 =450 mm×260 mm×1 mm）；针板间距为 15 mm。

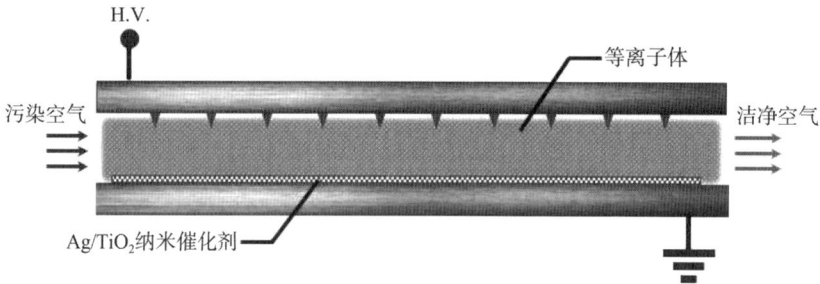

图 3.7　针阵列电晕放电反应器示意图

3.3.1　耦合系统的放电特性

3.3.1.1　放电诊断

图 3.8（a）考察了不同系统的放电伏安特性。结果表明，Ag/TiO_2 纳米催化剂出现于放电区未对针阵列电晕放电的伏安特性曲线产生显著影响。随着电压由 4.0 kV 升高至 7.5 kV，电晕放电的电流从 0.1 mA 增加至 3.7 mA。将 Ag/TiO_2 纳米催化剂涂覆于电极板表面未对放电的正常进行产生影响，这一方面可归因于电极板表面催化剂的涂覆量较少，另一方面可能是由于 TiO_2 载体表面均匀分散的 Ag 纳米粒子具有优异的导电性能，使 Ag/TiO_2 纳米催化剂的涂覆不会阻挡放电进行，进一步对针阵列电晕协同 Ag/TiO_2 纳米催化剂系统放电产生的等离子体形貌进行了考察。图 3.8（b）表明，随着电压幅值的增加，放电由起始的 Trichel 电晕阶段逐渐发展至辉光阶段。电压为 4.0 kV 时，放电很弱，未能拍摄到明显的放电图像；当电压由 5.0 kV 升高至 6.0 kV，等离子体的发光区域逐渐从针尖位置蔓延至平板电极端；电压继续升高，发光区体积会进一步扩展。以上诊断结果表明，电压较大

（≥ 7.0 kV）时放电产生的等离子体密度高，形成的等离子体几乎能够弥散于整个放电间隙内，这使等离子体、反应物，以及 Ag/TiO$_2$ 纳米催化剂间可发生充分的相互作用，有利于对低浓度甲苯的脱除。

3.3.1.2　等离子体参数估算

为了估算针阵列电晕放电协同 Ag/TiO$_2$ 纳米催化剂系统的等离子体参数，本研究分别采用 SPECAIR 光谱拟合法和 Ar 谱线强度比法对 N$_2$ 的 T_{rot}、T_{vib} 以及等离子体的 T_{exc} 进行了计算。图 3.9（a）是利用光谱仪采集的 200~900 nm 区间的全波带谱图；研究中使用 SPECAIR 软件位于 365~385 nm 区间的 N$_2$ 第二正带系（C$^3\Pi_u$ → B$^3\Pi_g$）谱图进行拟合；通过选取位于 763.51 nm（$2P_6$ → $1S_5$）与 772.38 nm（$2P_2$ → $1S_3$）的 Ar 谱线图，并基于局部平衡模型进行 T_{exc} 计算。图 3.9（b）给出的是 T_e，T_{vib}，以及 T_{rot} 随电压升高的变化规律。可知，针阵列电晕放电协同 Ag/TiO$_2$ 纳米催化剂系统中的上述三个温度满足：$T_{exc} > T_{vib} > T_{rot}$，表明该系统脱除甲苯反应是在典型的非热放电条件下进行的。因 T_{rot} 能够反映反应体系的温度，其随电压升高的变化规律表明，电压升高会引起系统的温度升高，但 T_{rot} 最高值未超过 100 ℃。为了进一步确认放电过程中反应系统的热效应，本研究还利用热电偶对反应系统的温度进行了评估。图 3.9（b）表明，电压由 4 kV 升高至 7.5 kV，T_t 由 28 ℃ 升高至 87 ℃，变化规律以及温度区间范围同 T_{rot} 一致。对系统温度的评估结果表明，引发系统内反应的驱动力来自放电等离子体产生的活性物种，而非放电导致的热效应。由于电子既可以从电场中获得能量，也能通过碰撞将能量转化为 N$_2$ 分子的振动能量，因此系统的 T_{exc} 与 T_{vib} 要远高于 T_{rot}。具有较高 T_{exc} 与 T_{vib} 的等离子体可以活化甲苯分子大 π 键，而经初步活化的物种扩散至 Ag/TiO$_2$ 催化剂表面时在较温和的条件下就可以发生进一步的氧化反应。

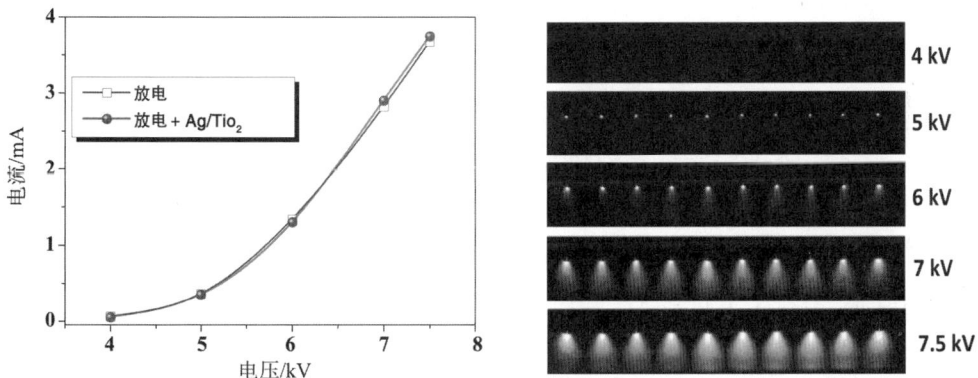

（a）针阵列电晕放电及其协同 Ag/TiO$_2$纳米催化剂系统的放电伏安特性

（b）不同放电电压下针阵列电晕放电协同 Ag/TiO$_2$纳米催化剂系统放电产生的等离子体形貌

图 3.8　针阵列电晕放电及其协同 Ag/TiO$_2$ 纳米催化剂系统的放电伏安特性；不同放电电压下针阵列电晕放电协同 Ag/TiO$_2$ 纳米催化剂系统放电产生的等离子体形貌

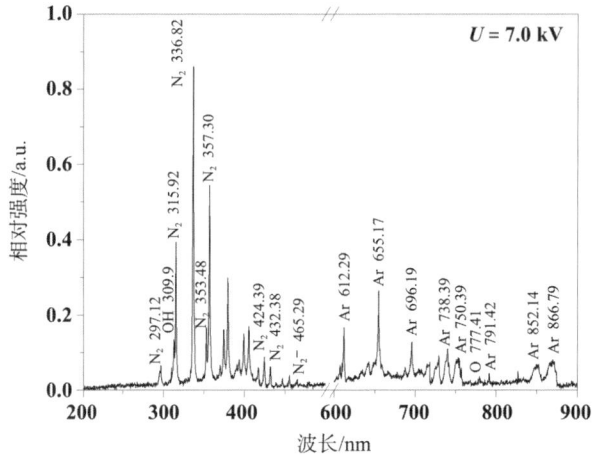

（a）针阵列电晕放电协同 Ag/TiO$_2$ 纳米催化剂系统的发射光谱图

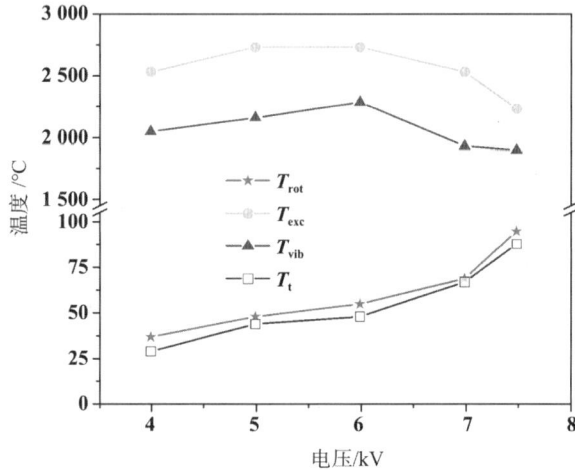

（b）T_{rot}、T_{vib}、T_{exc} 和 T_t 随电压的变化趋势

图 3.9　针阵列电晕放电协同 Ag/TiO$_2$ 纳米催化剂系统的发射光谱图；T_{rot}、T_{vib}、T_{exc} 和 T_t 随电压的变化趋势

3.3.2　低浓度甲苯脱除评价

图 3.10（a）考察了不同系统脱除甲苯得到的甲苯转化率与目标产物 CO$_2$ 选择性随放电电压的变化规律。对于单纯的针阵列电晕放电而言，放电电压升高有利于甲苯向 CO$_2$ 的转化，但 $X_{C_7H_8}$ 与 S_{CO_2} 均较低，说明仅通过放电方法很难实现对难降解甲苯的高效矿化。在相同电压下，针阵列电晕放电与 Ag/TiO$_2$ 纳米催化剂的原位耦合能同时提高 $X_{C_7H_8}$ 与 S_{CO_2}。例如，电压为 7.5 kV 时，TiO$_2$ 的出现使 $X_{C_7H_8}$ 与 S_{CO_2} 分别由单纯针阵列电晕放电的 21% 与 7% 提高到 40% 与 18%，而 Ag/TiO$_2$ 纳米催化剂与针阵列电晕放电的原位耦合则会使 $X_{C_7H_8}$ 与 S_{CO_2} 显著提升至 83% 与 61%。

针阵列电晕放电与 Ag/TiO$_2$ 纳米催化剂间的协同作用还能显著影响反应过程中产物的分布与二次污染物生成。如图 3.10（b）所示，电压为 7.5 kV 时，不同系统脱除甲苯的主要产物包括 CO$_2$、CO、甲酸、苯甲酸以及苯，而 Ag/TiO$_2$ 纳米催化剂的存在有利于将甲苯导向性转化为 CO$_2$（获得高 CO$_2$ 选择性），且甲苯脱除反应的碳平衡也得到了提高。甲苯脱除反应过程得到优异的碳平衡意味着等离子体催化系统有助于抑制含碳物种对催化剂活性位的吸附占据，可增强系统的稳定性。此外，考虑到放电技术在处理室内空气污染物的过程中易产生副产物臭氧，可引起二次污染问题。本研究关注了甲苯脱除反应过程中的放电副产物 O_3 的浓度变化。Ag/TiO_2 纳米催化剂的存在还可以抑制二次污染物 O_3 的生成。如图 3.10（b）所示，单纯针阵列电晕放电脱除甲苯反应中产生 O_3 的浓度为 5.12 mg/m^3；相同放电电压下，Ag/TiO_2 纳米催化剂与针阵列电晕放电的协同会使 O_3 浓度降低至 0.74 mg/m^3，这一浓度依然远高于室内臭氧安全标准；而 Ag/TiO_2 纳米催化剂与针阵列电晕放电的协同作用会使 O_3 浓度显著降低至 0.02 mg/m^3，脱除甲苯反应过程排放该浓度的臭氧完全符合国家标准要求，不造成二次污染问题。上述结果表明，针阵列电晕放电协同 Ag/TiO_2 纳米催化剂系统在脱除低浓度甲苯反应中可以展现出独特的优势，这既与 Ag/TiO_2 界面在等离子体作用下展现出的高表面催化活性有关，也得益于 Ag/TiO_2 纳米催化剂对等离子体辐射光的有效利用。

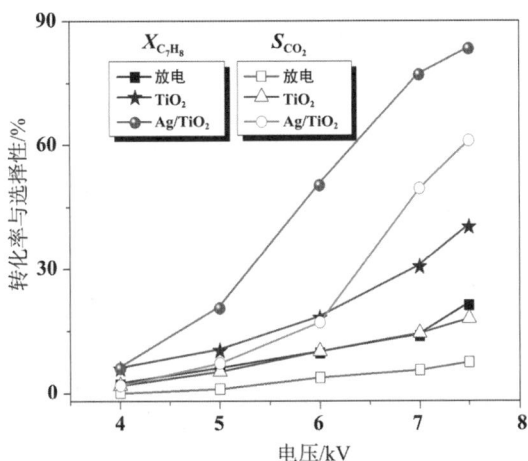

（a）放电电压对甲苯转化率与 CO_2 选择性的影响

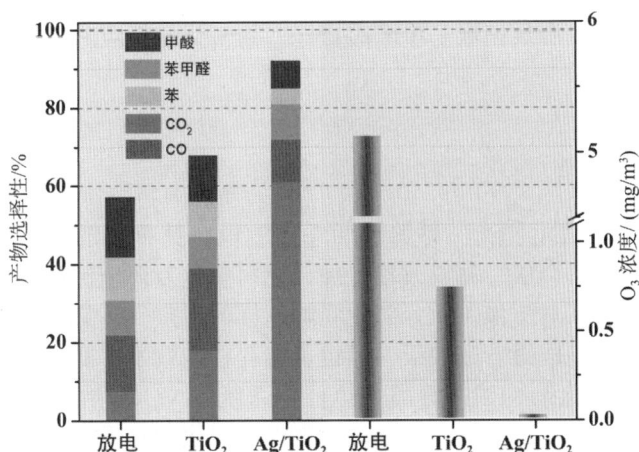

（b）当电压为 7.5 kV 时，不同系统脱除甲苯反应时所得产物分布与 O_3 浓度

图 3.10　放电电压对甲苯转化率与 CO_2 选择性的影响；
当电压为 7.5 kV 时，不同系统脱除甲苯反应时所得产物分布与 O_3 浓度

3.3.3 等离子体催化脱除低浓度甲苯反应机制探讨

鉴于针阵列电晕放电协同 Ag/TiO$_2$ 纳米催化剂系统在脱除低浓度甲苯反应中展现出的优异性能，我们进一步对等离子体催化系统内的甲苯脱除机制进行了探讨。单纯针阵列电晕放电对甲苯的氧化脱除仅依靠等离子体中含有的高能电子和活性自由基引发气相反应，该过程效率低，且产物复杂。然而，对于针阵列电晕放电协同 Ag/TiO$_2$ 纳米催化剂系统，等离子体气相反应、表面催化反应以及光催化反应均对甲苯脱除反应有贡献。协同系统内放电产生的等离子体均匀，等离子体、甲苯以及催化剂间接触充分，除了可发生高效等离子体气相反应外，更重要的是经等离子体活化的物种还能在催化剂表面发生催化氧化反应，并在等离子体辐射光作用下发生光催化反应，其中 Ag/TiO$_2$ 纳米催化剂起着关键作用。首先，位于等离子体中的 Ag/TiO$_2$ 纳米催化剂为表面催化反应提供大量活性位点，有利于放电产生的高活性物种（O、•OH、N$_2^+$、O$_3$ 和 O$_2^-$ 等）与甲苯及其活化物种间的快速反应。其次，Ag/TiO$_2$ 纳米催化剂对等离子体产生的紫外—可见光均有响应〔见图 3.9（a）与 3.10（c）〕，能够受到激发在表面形成大量氧空位和活性自由基，进而氧化脱除甲苯及其中间物种。因此，针阵列电晕放电协同 Ag/TiO$_2$ 纳米催化剂系统得到的苯矿化度更高。协同体系对放电副产物的有效抑制作用也主要源自 Ag/TiO$_2$ 纳米催化剂。一方面，Ag/TiO$_2$ 纳米催化剂的存在能有效调变放电特性，使放电产生的等离子体更加均匀，且减少强电流脉冲数量，这抑制了 N$_2$ 分子的直接解离反应和高振动激发态 N$_2$ 分子的形成，从而削弱活性氧物种同 N$_2$ 反应，避免产生 NO$_x$ 副产物。另一方面，放电产生的活性氧物种在 Ag/TiO$_2$ 纳米催化剂表面能够更加高效地同甲苯及其中间物种发生反应，这一反应路线会大量消耗放电产生的活性氧物种，在提升系统对甲苯脱除性能的同时，也显著抑制了反应中副产物 O$_3$ 的生成，从而避免放电产生高浓度的 O$_3$ 造成二次污染。综上可知，针阵列电晕放电协同 Ag/TiO$_2$ 纳米催化剂系统在脱除低浓度甲苯反应中展现了优异的等离子体催化性能，其本质在于：放电等离子体与 Ag/TiO$_2$ 纳米催化剂的原位耦合在系统内营造独特的物理－化学环境，实现光场、电场、催化剂表界面场等多场的高效耦合，增强了等离子体、甲苯和催化剂活性位点间的相互作用，调控了活性氧物种、甲苯及其中间体在催化剂活性位点的吸、脱附行为，并有效拓展了甲苯向目标产物转化的反应路径。

📖 章后语

大气压针对板电晕放电作为一种典型的非热放电，具有稳定可靠、结构简单、运行成本低等优点，已在化学合成、材料改性处理、燃料重整及环境污染治理等领域展现出了诱人的应用前景。然而，对于像 VOCs 氧化脱除这样的在空气污染物治理方面的应用，单纯依靠针板电晕放电虽能取得一定效果，但也普遍存在能效不够高和二次污染物难控制等问题。等离子体耦合催化剂构建的等离子体催化系统在 VOCs 治理等空气净化领域受到了研究者们越来越多的关注。采用介质阻挡放电耦合催化剂构建的等离子体催化系统用于 VOCs 的低温氧化脱除，往往能够获得其他常规技术无法比拟的优异性能。不过，考虑到空气中污染物组成的复杂性（可能包含颗粒物、致病微生物、VOCs 等），将针板电晕放电与催化剂耦合构建的等离子体催化系统在 VOCs 治理方面具有更加显著的优势。这主要是因为较其他等离子体放电技术，电晕放电通常能够展现出优异的颗粒物捕集和微生物灭活能力等。本章的研究工作是基于多针阵列排布构建针阵列电晕放电反应器，这能够使放电产生的等离子体均匀弥散于放电区域内，易于获得高等离子体密度，有利于实现 VOCs 污染物净化过程中等离子体与催化剂的高效协同。

对于针阵列电晕放电与催化剂构建的等离子体催化系统而言，等离子体同催化剂间的相互作用是决定系统性能的关键。一方面，针阵列电晕放电产生的等离子体虽能够将反应物直接转化为目标产物，但选择性通常较差，会产生大量的副产物，在催化剂的作用下才能实现对反应的导向性调控。另一方面，催化剂在无外界条件（如加热、光照等）作用时通常不能催化转化反应物，而在等离子体作用下的催化剂能够有效催化反应物转化。此外，单纯放电条件下很容易产生高浓度的臭氧，导致二次污染问题，而借助高性能催化剂的表面催化作用，能够控制放电产生的臭氧，有效避免二次污染问题。本章的研究工作以室内空气中存在的典型低浓度苯系物污染物——甲苯为目标，通过原位耦合构建等离子体催化系统实现对低浓度甲苯的高效脱除，同时解决了系统放电导致的臭氧二次污染问题。针阵列电晕放电与纳米催化剂的耦合同时得到高转化率与 CO_2 选择性，证明等离子体协同催化脱除 VOCs 具有巨大的优势。本章的研究工作相关成果可为等离子体催化技术在室内空气净化领域的应用与发展提供重要参考。

第4章
电晕放电耦合催化剂杀菌消毒

就目前已有的空气净化消毒技术来看,基于单一技术形成的净化消毒工艺很难在高效、无二次污染的条件下实现对空气的消毒。组合工艺是室内空气消毒技术发展的主要方向。低温等离子体技术因其快速、高效、安全等优点,在众多灭菌技术中展现出了独特优势;纳米光催化技术因典型光催化剂 TiO_2 的氧化能力强、可利用性强、环境友好、无毒等优点,而在空气污染治理领域有着广泛的应用。目前,这两种技术单独用于空气净化消毒均存在一定的缺陷,而基于这两种技术有机结合构建的等离子体 – 纳米光催化技术在室内空气消毒方面展现出了诱人的应用前景。本章研究工作探讨了针阵列电晕放电耦合纳米光催化体系对室内空气的杀菌消毒作用。本章首先通过考察针阵列电晕放电的针电极数量、针板间距、板电极种类以及电源的极性,确定了构建放电反应器的最优条件;进一步考察优化了针阵列电晕放电反应器与纳米光催化剂的耦合方式,将纳米光催化剂涂覆于板电极表面,构建针阵列电晕放电协同纳米光催化体系;考察了针阵列电晕放电耦合纳米光催化体系对典型细菌与病毒的灭活实验。

4.1 电晕放电耦合催化剂体系的构建与参数优化

本章考察了单位面积针电极的数量、板电极、针板间距、正负电晕、进气方式、纳米光催化剂种类以及反应器与纳米光催化剂耦合方式等参数对电晕放电产生的影响规律,并通过对针阵列电晕放电参数的优化,筛选出构建针阵列电晕放电协同纳米光催化体系的最优条件。

4.1.1 针阵列电晕放电反应器的参数优化

4.1.1.1 单位面积针电极数量的影响

在针阵列电晕放电中,针电极的数量会对放电特性产生影响。为了构建合适的放电反应器,优化电极布局,在直径为 35 mm 的圆中分布不同数量的针电极。分别对针电极疏密度为 0.10 根 /cm²、0.31 根 /cm²、0.52 根 /cm² 和 0.73 根 /cm² 的针电极进行电晕放电特性考察。放电反应器由针电极与金属板电极组成,针板间距为 8 mm。

从图 4.1 可以看出，当针电极疏密度为 0.10 根 /cm^2 时，放电电流随电压升高呈现缓慢增长趋势，且起晕电压较高（4.7 kV）。随着针电极数量的增加，电压升高会使电流快速增加，也就是说相同电压下，针电极数量增加可增加放电电流密度，这有利于提升整个放电体系的能量密度。另外，对于针板组成的放电反应器，针电极数量的增加会使放电产生的等离子体更加均匀地分布于放电空间内，这有利于等离子体与催化剂间的相互作用，从而增强放电体系对空气的净化消毒能力。值得注意的是，在相同的放电空间内，针电极数量的增加意味着相邻针尖距离缩短，这会致使放电的稳定性变差，因此构建放电反应器时应将针电极的数量控制在一定范围内。本研究中，为获得稳定的均匀等离子体，针板电晕放电反应器的针电极疏密度定为 0.52 根 /cm^2。

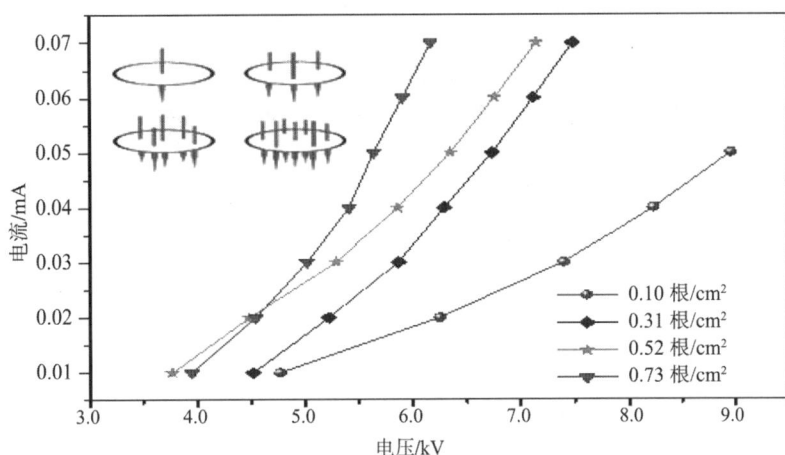

图 4.1　具有不同针电极疏密度的针板电晕（负）放电反应的伏安特性曲线

4.1.1.2　板电极的影响

除了针电极，我们还考察了板电极对电晕放电的影响。如图 4.2（a）所示，我们在固定针电极疏密度定为 0.52 根 /cm^2 的条件下，分别采用无孔金属板和孔径（d）为 0.5 cm、2 cm 以及 5 cm 的圆孔金属板为板电极。当针板间距为 8 mm 时，负电晕放电的伏安特性曲线如图 4.2（b）所示。可知，四种不同板电极所得的放电伏安特性曲线差异并不十分显著，在相同的放电电压下，有孔板电极构成的放电体系获得电流密度稍小。为保证在放电体系灭活微生物的过程中，微生物与活性物种间发生充分作用，我们既要确保纳米光催化剂有效附着于板电极表面，还要增强放电等离子体与纳米光催化剂以及微生物的接触，故选取孔径为 2 cm 的板电极构建放电体系。

（a）四种板电极的照片

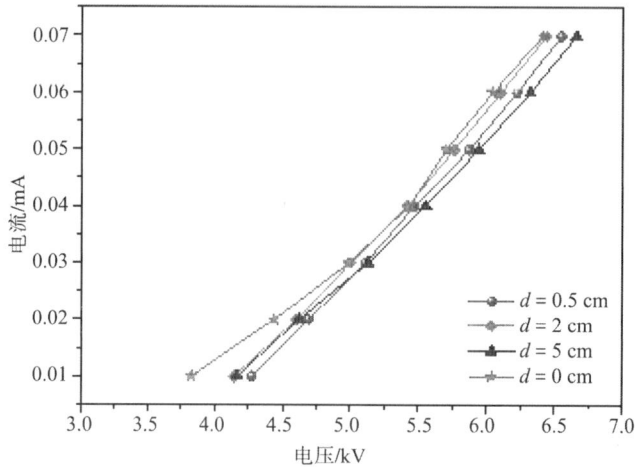

（b）四种板电极的放电伏安特性曲线

图 4.2 四种板电极及其放电伏安特性曲线

4.1.1.3 针板电极间距的影响

为了研究针板电极间距对电晕放电的影响，我们考察了电极间距（d_{NM}）为 6 mm、8 mm、10 mm、12 mm 时负电晕放电的伏安特性。由图 4.3（a）可知，不同针板间距下，电晕放电的电流均随电压的增加而增加；当针板间距较小时，电流随电压的升高会迅速上升，很容易转变为火花放电，而当针板间距较大时，要增加电流就需要向体系施加更高的电压。众所周知，等离子体密度与放电功率呈正相关性，而放电产生的等离子体密度越高越有利于放电体系对微生物的高效灭活。因此，我们在图 4.3（b）中示出了放电体系的放电功率随放电电压的变化规律。可知，在相同的电压下，针板间距越小越容易获得高放电功率，这对微生物灭活有利，但针板间距的缩小会使放电功率的范围缩小，不利于获得很高的放电功率。综合来看，要在稳定放电条件下产生高等离子体密度，并确保放电功率在较大的范围内可调，应选取适中的针板间距。研究工作中我们选取 8 mm 的针板间距构建放电反应器。

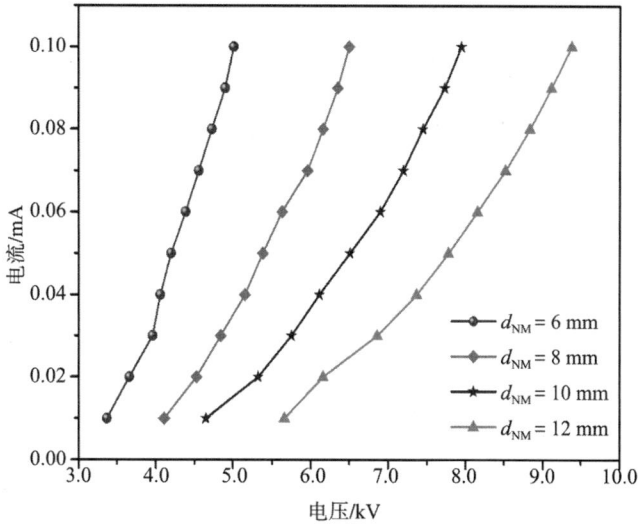

（a）伏安特性曲线

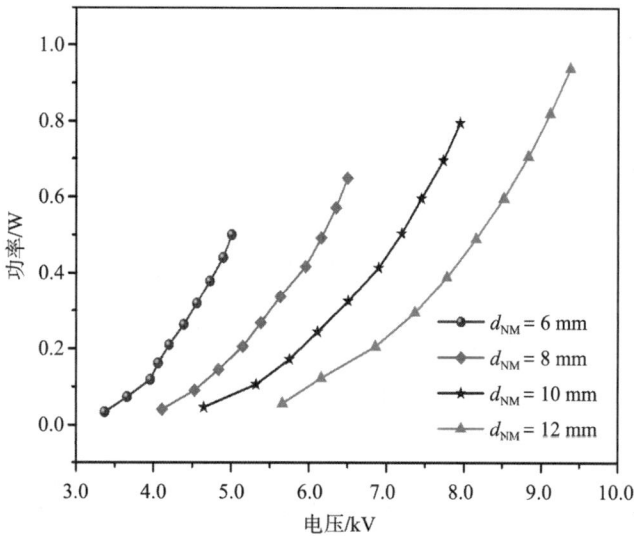

（b）功率变化

图 4.3　不同针板间距的伏安特性曲线以及对应间距下的功率变化

4.1.1.4　电源极性的影响

我们还对正、负电晕放电的伏安特性进行了考察。由图 4.4 可知，相同的反应器构造下，正电晕放电在电压由 4.35 kV 增至 8.62 kV 的过程中，电流由 0.01 mA 增至 0.08 mA；负电晕放电在电压由 4.11 kV 增至 6.50 kV 的过程中，电流由 0.01 mA 增至 0.10 mA。可见，在相同的电压下，负电晕放电的电流要高于正电晕放电的电流，这意味着在相同条件下，负电晕可以获得更高的等离子体密度，有利于对微生物的灭活。我们知道电子、正离子以及负离子在电场的作用下会向不同的电极端移动，电子因具有较高的荷质比，其向电极的传播速度比正离子快很多，因此相同电压下负电晕产生的电流一般高于正电晕。此外，正、负电晕放电模式不同，正电晕放电的电子雪崩是从电晕边界开始向针尖电极方向移动的，作为电子雪崩头部的自由电子会以很快的速度进入电晕极，而留在电子雪崩后面的正电子由于迁移率很低会起到扩大场强区的作用；而对负电晕放电来说，电子雪崩从针电极表面开始向外扩展，与正电晕相反，靠近针电极是迁移率低的正离子，因此负电晕通常将场强区限定在了一个较小的范围内。综上可知，负电晕的起晕电压比正电晕低；相同电压下负电晕的电晕电流比正电晕高；在相同实验条件下，负电晕的电晕电流比正电晕放电产生的电流增加得要快，并且正电晕先被击穿。因此，优化选择是采用负电晕放电构建等离子体协同催化体系。

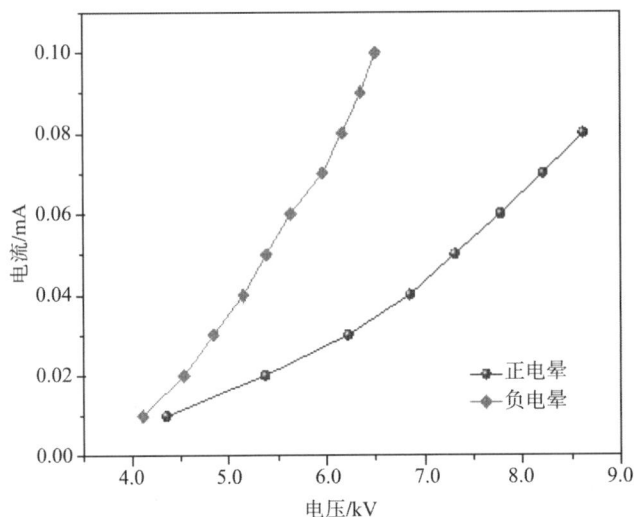

图 4.4 正、负电晕放电的伏安特性曲线

4.1.2 针阵列电晕放电耦合催化剂体系的构建

4.1.2.1 放电反应器与纳米光催化剂的耦合方式

通过 4.1.1 节的研究我们筛选出了构建针阵列电晕放电反应器的最优条件，为了构建最优的针阵列电晕放电协同纳米光催化体系，进一步考察放电反应器与纳米光催化剂耦合方式对放电的影响。图 4.5 展示出了针阵列放电反应器与催化剂耦合的四种典型方式。第 I 种耦合方式是将纳米光催化剂填充于放电空间内，该方式多见于介质阻挡放电与催化剂结合，但此耦合形式因催化剂在放电空间的填充易产气阻，将其用于针阵列电晕放电协同纳米光催化体系不利于气体流通，会增大体系用于室内空气净化消毒的难度。第 II 种耦合方式是将纳米光催化剂涂覆在针电极所在端的金属板表面，从图示可以看出，这种耦合方式会导致放电产生的等离子体很难接触到纳米光催化剂，从而使纳米光催化剂难以发挥作用。第 III 种耦合方式是将纳米光催化剂涂覆到针尖上，因针尖的表面积很小，该方式较第 II 种耦合方式所用的催化剂要少，所以很难在放电与纳米光催化剂间产生显著的协同作用。第 IV 种耦合方式是将纳米光催化剂涂覆在板电极表面，该方式放电产生的等离子体能够与催化剂充分发生作用，有利于协同作用的产生。因此，研究工作中选用第 IV 种耦合方式构建针阵列电晕放电协同纳米光催化体系。

在图 4.6 中，分别考察了将典型的纳米光催化剂（Ag/TiO$_2$）涂覆于板电极上表面与下表面时的放电伏安特性曲线。由图 4.6 可知，两种催化剂涂覆方式得到的放电伏安特性曲线差异性不大。一般地，将催化剂涂覆于板电极上表面时，催化剂可起到阻碍电流传输的作用，在相同条件下得到的电流应当更小。此外，两种结合方式的放电特性差异不大是由于 Ag/TiO$_2$ 纳米光催化剂具有良好的导电性，Ag 纳米粒子的存在使催化剂未对放电产生阻碍作用。

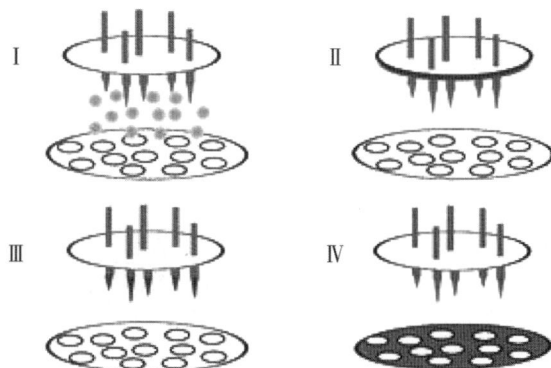

图 4.5　纳米光催化剂不同耦合方式示意图

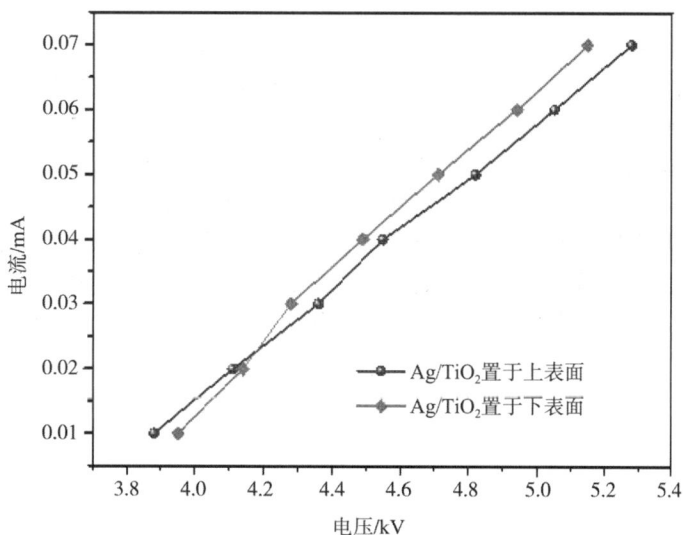

图 4.6　第Ⅳ种耦合方式下将 **Ag/TiO$_2$** 放置于板电极上表面或者下表面的伏安特性曲线

4.1.2.2　纳米光催化剂种类的影响

基于 4.1.2 节确定的放电耦合催化剂方式，进一步考察了不同的纳米光催化剂对放电特性的影响。从图 4.7 可以看出，不同的纳米光催化剂涂覆于板电极表面会对放电产生显著的影响。TiO$_2$（P25）纳米催化剂是最常用的光催化剂，其涂覆于电极表面使相同电压下电流值显著下降，这主要是由于 TiO$_2$ 不导电，薄膜层的存在阻碍放电电流的传导，不利于放电的进行。相反，对于较单纯的电晕放电，Ag/TiO$_2$ 纳米光催化剂涂覆于板电极表面会使电流显著增加，这有利于放电耦合纳米光催化体系中等离子体密度的提高。Ag/TiO$_2$ 含有大量 Ag 纳米粒子，因此具有良好的导电能力，其附着于板电极表面不仅不会阻碍放电电流的传导，而且有利于等离子体区在电极表面的扩展，这对于空气的净化消毒十分有利。这部分内容将会在后面章节详细讨论。

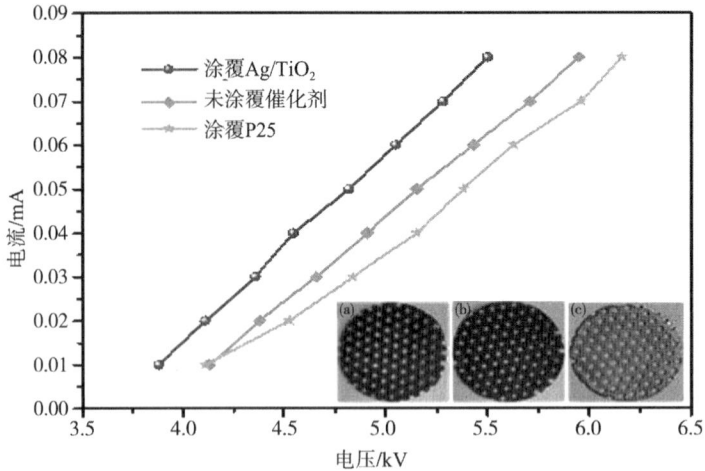

图 4.7　耦合不同纳米光催化剂的伏安特性曲线

4.1.2.3　进气方式及气体流速的影响

对于针阵列电晕放电协同纳米光催化净化消毒空气而言，体系的进气方式以及进气流速会对放电特性乃至净化消毒效果产生显著影响。本节中，我们在体系上端进气〔见图 4.8（a）〕与侧方向进气〔见图 4.8（b）〕两种模式下，就不同气体流速下的放电特性进行了考察。如图 4.8 所示，无论是进气方式的差异还是气体流速的改变，在考察的参数范围内，上述两种因素对电晕放电的影响不大。对于构建的针阵列电晕放电协同纳米光催化体系，气体流速增加，流经放电等离子体区的气体停留时间变短，这意味着放电产生的活性物种、催化剂以及微生物的接触时间缩短，可能会对空气的净化消毒产生不利影响。综合考虑，我们在以下的系统消毒评价中均采用无气体流动模式进行实验。

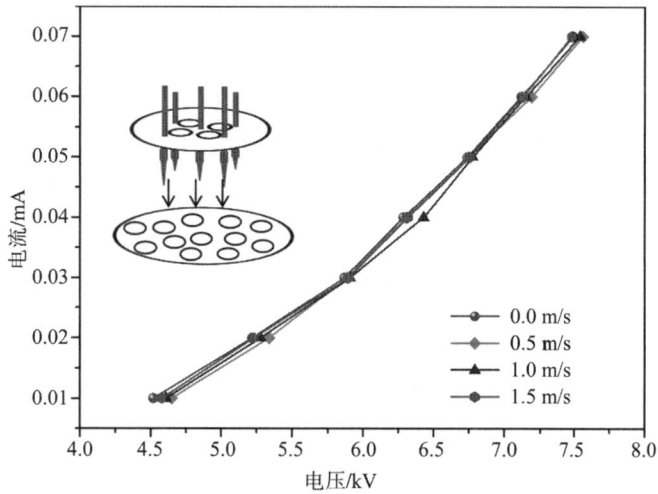

（a）上端进气

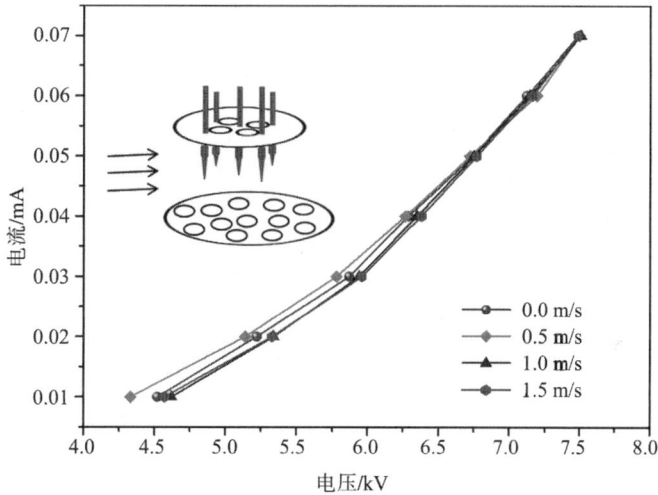

（b）侧方向进气

图 4.8　不同进气方式及气体流速对电晕放电的影响

4.2　电晕放电耦合催化剂杀菌消毒空气

4.2.1　针阵列电晕放电耦合催化剂灭活空气中的致病菌

4.2.1.1　空气消毒机的设计构建

为了将针阵列电晕放电协同纳米光催化剂体系用于实际室内空气的净化消毒研究，基于体系中的核心部分设计组装了室内空气净化消毒机样机，其核心部件如图4.9所示。空气净化消毒机样机主要分为三级：第一级体系为滤网，其主要作用是过滤掉室内空气中的大颗粒物，防止这些颗粒物对后续体系造成干扰；第二级体系为针阵列电晕放电协同 Ag/

TiO$_2$ 体系，其主要作用是有效地捕集室内空气中的颗粒物（含气溶胶）、灭活致病微生物以及氧化脱除 VOCs 等；第三级体系为锰基催化剂滤网层，其主要用来净化分解二级体系放电过程中形成的过量 O$_3$，起到避免二次污染的作用。

4.2.1.2 室内颗粒物去除效果

将空气净化消毒机样机放置于 30 m^3 的封闭舱内，其工作时的放电功率为 15 W（不含风机功率），风量为 450 m^3/h。利用尘埃粒子计数器（TSI 9306-04）对空气净化消毒前后的颗粒物浓度进行检测，以在距离地面 0.8 m 处采样的结果作为初始浓度。开机运行 30 min、45 min、60 min，此过程中在每个时间节点分别开启尘埃粒子计数器采样，检测结果如表 4.1 所示。从表中我们可以看出，将空气净化消毒机连续工作 30 min，空气中粒径 ≥ 0.5 μm 颗粒物的去除率可达 98.7%；运行 45 min，去除率就可达到 96.9%。每个采样点 ≥ 0.5 μm 平均颗粒物浓度值均 ≤ 350 000 粒 /m^3，并且全部采样点 ≥ 0.5 μm 颗粒物浓度平均值的 95% 置信度上限均 ≤ 350 000 粒 /m^3。该检测结果已经达到 GB/T 16292—2010 医药工业洁净室（区）悬浮粒子的测试方法 B.2 中万级的要求。

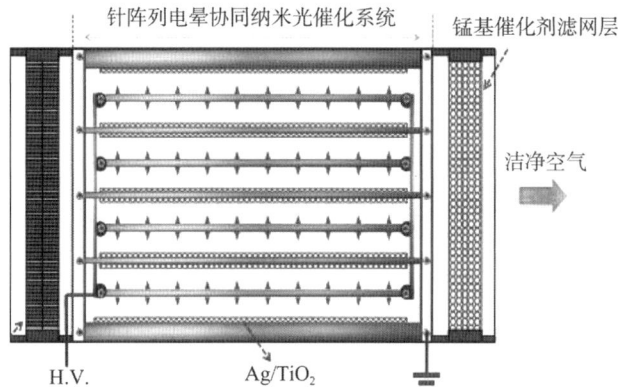

图 4.9 空气净化消毒机核心部件示意图

表 4.1 空气净化消毒机样机对颗粒物捕集性能测试结果

采样点	≥ 0.5 μm 颗粒物浓度 /（粒 /m^3）			
	0 min	30 min	45 min	60 min
1	8 691 426	112 355	12 496	3 957
2	8 532 002	112 766	12 471	4 059
3	8 591 786	112 318	12 546	4 009
4	8 620 255	111 009	12 454	4 025
5	8 486 453	113 551	12 462	4 005
95% 置信上限 UCL	8 735 401	114 157	12 557	4 081

4.2.1.3 致病菌灭活效果

利用该样机对空气中的致病菌（自然菌、白色葡萄球菌）的净化效果进行实验。实验结果如表 4.2 所示，在 30 m^3 的密闭舱室内，基于针阵列电晕放电协同 Ag/TiO$_2$ 体系构建的空气净化消毒机样机连续运行 30 min 能够灭活室内空气中 90% 以上的自然菌,将运行时间延长到 60 min,可将其杀灭率提升到 94%。当空气净化消毒机样机连续运行 30 min 时,96.9% 以上的白色葡萄球菌被灭活。该结果符合《消毒技术规范》(2002 年版)2.1.3 中模拟现场实验测试要求,消毒合格。

4.2.2　针阵列电晕放电耦合催化剂灭活空气中的甲型流感病毒

将空气净化消毒机放置于 30 m³ 的封闭舱内检测其对空气中病毒的灭活效果。我们选择甲型流感病毒 A/PR/8/34(H1N1)作为实验对象。检测条件为:测试舱体体积为 30 m³,测试时间为 60 min,相对湿度 50%~60%,空间温度 23~25 ℃。从表 4.3 中可以看出,基于针阵列电晕放电协 Ag/TiO₂ 体系构建的空气净化消毒机样机对病毒气溶胶有较好的净化消毒性能,1 h 内可以杀灭 96.9% 的 H1N1 病毒,H1N1 病毒的自然消亡率低于 79%。

表 4.2　空气净化消毒机样机运行不同时间对空气中的致病菌的净化效果

序号	运行时间 / min	对照组		空气净化消毒装置组			
		自然菌落数 / (cfu/m³)	自然消亡率 / %	自然菌落数 / (cfu/m³)	自然消亡率 /%	白色葡萄球菌菌落数 / (cfu/m³)	白色葡萄球菌杀灭率 /%
1	0	1.41×10^5	—	2.19×10^3	—	1.34×10^5	—
	30	1.15×10^5	18.44	2.12×10^2	90.32	47	96.96
	45	1.09×10^5	22.70	1.77×10^2	91.92	9	96.99
	60	1.05×10^5	25.53	1.41×10^2	93.56	< 7	> 96.99
2	0	1.39×10^5	—	2.01×10^3	—	1.55×10^5	—
	30	1.13×10^5	18.71	1.88×10^2	90.65	35	96.97
	45	1.06×10^5	23.74	1.41×10^2	92.99	9	96.99
	60	1.03×10^5	25.90	1.27×10^2	93.68	< 7	> 96.99
3	0	1.30×10^5	—	1.87×10^3	—	1.38×10^5	—
	30	1.08×10^5	16.92	1.77×10^2	90.53	35	96.97
	45	1.05×10^5	16.23	1.41×10^2	92.46	9	96.99
	60	6.93×10^4	23.62	1.06×10^2	94.33	< 7	> 96.99

表 4.3　空气净化消毒机样机工作 1 h 对 H1N1 的灭菌效率

序号	初始浓度 / (TCID₅₀/m³)	对照组		实验组	
		终浓度 / (TCID₅₀/m³)	自然衰减率	终浓度 / (TCID₅₀/m³)	去除率
1	1.17×10^6	2.49×10^5	78.7%	< 1.0	≥96.9%
2	2.49×10^6	5.85×10^5	76.5%	< 1.0	≥96.9%
3	3.69×10^6	7.89×10^5	78.6%	< 1.0	≥96.9%

4.2.3 杀菌消毒过程中的副产物控制

利用针阵列电晕放电净化消毒室内空气时，不可避免地会产生一些二次污染物，如 O_3、NO_x。因此我们进一步测试了空气净化消毒机样机运行 1 h 时空间内臭氧浓度。实验过程中，我们利用 T400 型臭氧分析仪来检测 30 m^3 舱内的 O_3 浓度。经过检测，在该样机工作时，空气中的 O_3 浓度 <0.003 mg/m^3，该数值满足 GB 18202—2000 室内空气中臭氧卫生标准中 1 h 平均最高容许臭氧浓度的要求，如表 4.4 所示。

表 4.4　空气净化消毒机样机运行 1 h 时空间内 O_3 浓度

检测项目	检测结果（mg/m^3）	检测限值要求（mg/m^3）（GB 18202—2000）
O_3 浓度	< 0.003	≤ 0.1 mg/m^3

4.3　电晕放电耦合催化剂杀菌消毒的机制

从整体来看，针阵列电晕放电协同纳米光催化体系对颗粒物（含致病微生物气溶胶）的捕集、对致病微生物的灭活、对抑制放电有毒副产物的生成等方面均有很好的提升。通过对针阵列电晕放电特性、等离子体基本参数以及致病微生物的灭活研究结果的综合分析，我们可以进一步揭示针阵列电晕放电协同纳米光催化体系能够高效消毒净化室内空气的内在机制。

针阵列电晕放电协同纳米光催化体系对颗粒物（含致病生物气溶胶）有着优异的捕集能力，这与其放电特性密切相关。一方面，协同体系中纳米光催化剂可以有效地调变放电模式，使放电产生的等离子体能够在空间内分布得更加均匀，能够给等离子体中的带电粒子和空气中的颗粒物充分接触提供条件，确保颗粒物在经过等离子体区域时有效荷电；另一方面，我们构建的放电反应器产生的电场可以使荷电的颗粒物发生定向移动，确保颗粒物到达催化剂或电极的表面，从而起到捕集颗粒物的作用。

针阵列电晕放电协同纳米光催化对致病微生物的强灭活性主要与四方面的因素相关。一是放电过程中产生的高能电子可以对致病微生物产生强烈的蚀刻作用，可以使致病微生物断裂、变形甚至出现孔洞，其外观形貌的变化通过扫描电镜就可以给人直观的展现。二是纳米光催化剂的存在，导致放电能够更加均匀，使放电产生的等离子体与纳米光催化剂协同作用产生大量的活性物种，这些活性物种可以对致病微生物的细胞膜、胞内蛋白甚至DNA 造成损害，令其凋亡。三是针阵列电晕放电过程中产生的紫外辐射直接辐照在致病微生物上，也可使之凋亡。四是放电产生的等离子体辐射光（紫外—可见光）可促进电子和空穴的形成，通过驱动光催化反应来氧化灭活致病微生物。

针阵列电晕放电协同纳米光催化体系在解决放电副产物造成二次污染问题上的突破是由其放电特性和等离子体化学反应特点所决定的。一方面，纳米光催化剂能调变放电特性，使放电产生的等离子体更加均匀，且减少强电流脉冲数量，这可以削弱 N_2 分子的直接解离反应与高振动激发态 N_2 分子的形成，抑制活性氧物种同 N_2 反应，从而降低产生副产物 NO_x。另一方面，放电产生的活性氧物种在催化剂表面能够更加高效地同致病微生物发生反应，这一活性氧物种消耗过程抑制了其向 O_3 的转化，避免放电产生高浓度的 O_3。

综上分析，我们认为针阵列电晕放电协同纳米光催化体系之所以能够在空气净化消毒反应中展现出优异的性能，其本质在于等离子体与纳米光催化剂的原位耦合体系能够在体系内营造独特的物理 - 化学环境，实现光场、电场、催化剂表界面场等多场的高效耦合，调控空气污染物及其中间体在催化剂活性位点的吸脱附行为，提高反应性能，并增强等离子体、空气和催化剂活性位点（界面）的作用，抑制有害副产物的产生。针阵列电晕放电纳米光催化体系净化消毒空气机制示意图见图 4.10。

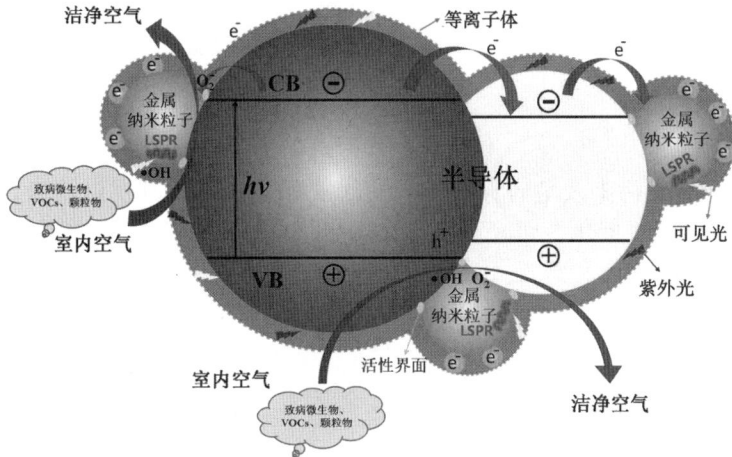

图 4.10　针阵列电晕放电纳米光催化体系净化消毒空气机制示意图

章后语

空气传播致病微生物是导致疫情蔓延的重要途径，室内场所空气消毒成为疫情防控中的突出问题。为解决现有等离子体消毒技术存在的能耗高、细小颗粒捕集难度大、副产物污染等问题，应设计开发高效普适的空气消毒技术。本章研究工作中借助针阵列电晕放电与纳米光催化的耦合，实现了对空气中致病气溶胶的高效捕集与灭活，并显著降低能耗、抑制二次污染。进一步地，利用光谱及电学诊断技术研究耦合体系，描述等离子体协同纳米光催化体系内颗粒物捕集以及致病微生物灭活的特点，深入分析活性物种间相互作用规律，阐明消毒空气的关键控制因素的作用机理，揭示体系高效协同消毒机制，为等离子体耦合纳米光催化技术在公共室内场所空气消毒领域的应用与发展奠定理论和技术基础。

虽然本章研究在针阵列电晕放电耦合纳米光催化剂消毒室内空气方面取得了一定的研究进展，但是还有很多方面仍有不足需要完善。例如，室内空气中包含的菌种十分复杂。虽然通过实验已经证明针阵列电晕放电协同纳米光催化剂对灭活大肠杆菌有效，但是受试细菌种类单一，实际应用技术需选择更多种类的细菌和病毒来进行实验研究。此外，探究电晕放电耦合纳米光催化杀菌消毒机理采用了结晶紫分光光度法来测量活性氧基团的产生量，而活性氧可以通过多种途径来破坏细菌的结构和功能，还有待深入而系统地研究放电等离子体对细胞核、细胞质、核糖体等的具体影响。

第5章

电晕放电耦合（光）催化
净化室内空气

本章简述室内空气污染及危害，指出现有主要净化技术及其发展趋势。采用新型电晕放电技术，结合（光）催化，研究室内空气净化。主要研究内容为室内空气中可吸入颗粒物降低，空气自然菌消毒和病毒灭活，多种有害气态污染物降低，以及放电产生的 NO_2 和 O_3 降低。通过本章学习，掌握电晕放电和（光）催化结合室内空气净化技术中的主要规律、实验方法及实际应用中的技巧技能。

5.1　室内空气污染概述

5.1.1　室内环境问题的产生与危害

室内环境问题于 20 世纪 70 年代后期被提出，发达国家出于节约能源的目的，提高了建筑物的气密性。由此带来的室内通风不足，致使室内空气污染事件频繁发生。人体的主要症状是头痛、胸闷、易疲劳、烦躁、皮肤过敏等反应。世界卫生组织将此现象称为"致病建筑物综合征"。

世界卫生组织估计，在新建和改建的建筑物中，约有 30% 是致病建筑。人均 70% 以上的时间在室内，68% 的人体疾病与室内污染有关。20 世纪 90 年代，发达国家开始对室内环境质量制定相应标准。

5.1.2　室内空气污染物的主要来源

室内空气污染的来源复杂多样，主要包括：

（1）室外空气中的微生物和粉尘；汽车尾气和工业废气中的氮氧化物、二氧化碳、二氧化硫、可吸入颗粒物。

（2）建筑装饰材料和室内设施相关的污染物有甲醛、挥发性有机物、氡、细菌、真菌。

（3）人活动时由新陈代谢带来的二氧化碳、气味和水蒸气；燃烧造成的氮氧化物、一氧化碳和粉尘；吸烟导致的烟草烟雾。另外，空调和通风设备也因清理不及时而成为可吸入颗粒物和微生物污染的来源。

5.1.3　净化室内空气的方法与挑战

目前，空气净化方法主要有过滤、静电收尘、化学催化、臭氧或负离子等。其主要存在的技术问题有：过滤器有较大的风阻，影响处理风量，因化学反应和固液颗粒物污染需要定期更换滤芯；静电场主要对颗粒物收集有效，但对微细颗粒物收集效果不佳；负离子与空气中的悬浮颗粒物结合，极易生成具有极性污染的粒子——重离子；臭氧虽具有消毒、灭菌作用，但对人体有害（臭氧的卫生标准：1 h 平均最高允许浓度为 0.1 mg/m^3）；化学触媒也属于过滤技术，易被油污烟尘污染而失去除臭功能。

针对现有技术的不足，近年来国内外正从以下两方面努力发展新一代空气净化技术。

第一是开发等离子体空气净化技术，如脉冲电晕放电或介质阻挡放电，而不仅仅通过臭氧或负离子发生来进行空气净化。

第二是二氧化钛（TiO_2）光催化分解恶臭分子和细菌使其无害化。显然，激烈的自由基反应或光催化促进对有害化学气体去除起到以往技术难以达到的效果。这些努力又分为以下三个关键的研究方向：单纯采用等离子体净化空气技术，单纯采用光催化技术，以及等离子体净化空气技术和光催化技术相结合。我们基于在该领域的研究积累，在国际上率先提出电晕放电协同光催化的净化技术，并将该技术应用于实际室内空气的净化治理研究中。

5.2　针阵列双极电晕放电捕集颗粒物

5.2.1　颗粒物捕集装置

本节利用两套针阵列双极电晕放电空气净化装置，分别进行了处理空气一次性通过净化装置捕集颗粒物实验和在封闭空间内净化装置捕集颗粒物实验。实验研究运行参数（风速、外施电压）和颗粒物粒径对净化装置处理效率的影响，比较针阵列双极电晕放电与针对板电晕放电捕集颗粒物效果，分析以针阵列双极电晕放电方式为核心技术的空气净化装置在粒径小于 10 μm 颗粒物捕集应用中的优势。

一次性通过放电反应器捕集颗粒物实验装置示意图如图 5.1 所示，采用针阵列双极电晕放电，通过检测通道出风口处颗粒物个数浓度，研究待处理空气一次通过反应器捕集颗粒物效果。待处理空气由风机抽入通风管道，经通风管道进入针阵列双极电晕放电反应器。在放电反应器中电晕放电荷电处理空气携带的颗粒物，在高压电场作用下荷电颗粒物向放电电极极板驱进并被捕集，经处理后空气再排到室内。

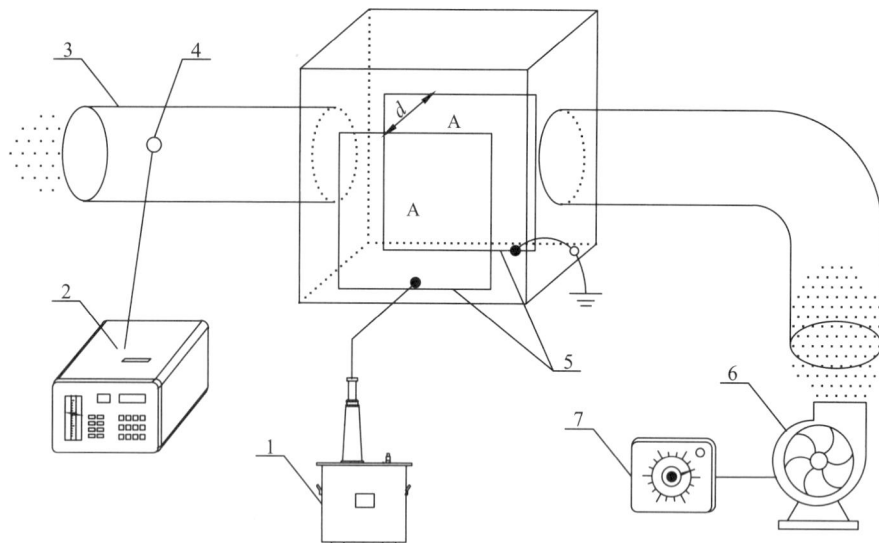

图 5.1 一次性通过放电反应器捕集颗粒物实验装置示意图

1—ZGF- 直流高压发生器；2—LZJ-01D 尘埃粒子计数器；3—通风管道；4—颗粒计数采样口；
5—多针电极；6—风机；7—变压器；A—电极板；d—两电极板间距离

进风处设在一个体积为 90 m³ 的室内空间，室内无人活动，室内内壁、地面以及物品表面清洁，以保持室内空气中颗粒物浓度稳定。通风管采用直径为 120 mm 的塑料管，密封良好。通过调节风机的供电变压器电压，改变风机转速来调节实验系统的风量。放电反应器电极为针阵列对针阵列电极结构，其中相邻针尖间距为 16 mm，针尖半径为 0.1 mm，电极间距为 32 mm。放电反应器长 20 cm，高 20 cm，宽 8 cm。采用直流高压电源供电，电压从 0 kV 到 30 kV 连续可调。使用 Tek P6015A 型电压分压器和 HP 54503 型示波器测量放电电压。使用分辨率为 10 μA、精度为 0.8% 的微安表检测放电电流。使用 ZRQF-F30T 型风速仪测定处理空气的风速，从而折算出处理风量。LZJ-01D 尘埃粒子计数器测量颗粒个数浓度，单位为 "个 /2.83 L"。室内空气保持相对湿度为 20%~60%，温度为 20~25 ℃。

如图 5.2 所示，在一长 6 m、宽 5 m、高 3 m，总体积为 90 m³ 的封闭室内，将净化器放置在室内一角，在净化器风机驱动下空气通过净化器在室内循环流动。以针阵列对板和针阵列对针阵列两种电极结构的放电反应器为核心，自制成两套净化装置，比较其对颗粒物捕集的效果。两套净化装置的放电单元有效体积相同，长、宽、高分别为 60 cm、20 cm 和 50 cm；放电功率同为 20 W 并保持不变（前者外施电压为 17 kV，电流为 1.2 mA；后者外施电压为 6.8 kV，电流为 2 mA）。风机风量分别为 250 m³/h、400 m³/h、550 m³/h 时，测量两套净化装置对颗粒物的捕集效率。

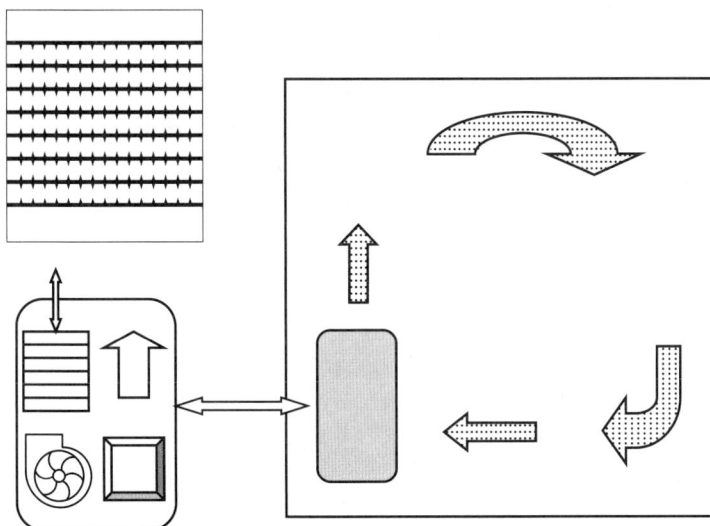

图 5.2　封闭空间内净化实验示意图

5.2.2　颗粒物捕集原理

非热放电等离子捕集室内颗粒污染物的工作原理与静电除尘类似，如图 5.3 所示，在静电除尘中其工作原理大致可分为以下三个阶段：

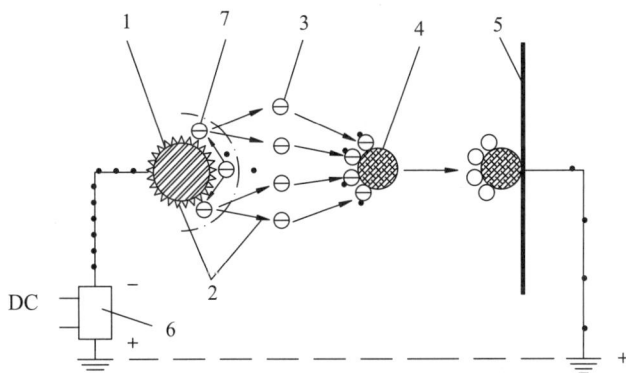

图 5.3　非热放电等离子体捕集室内颗粒污染物过程

1—电晕极；2—电子；3—离子；4—尘粒；5—集尘极；6—供电装置；7—电晕区

（1）粒子荷电。在放电极与集尘极之间施加直流高电压，使放电极发生电晕放电，气体电离，生成自由电子和正离子。在放电极附近的所谓电晕区内正离子立即被电晕极（假定带负电）吸引过去而失去电荷。自由电子和随即形成的负离子则因受电场力的驱使向集尘极（正极）移动，并充满到两极间的绝大部分空间。含尘气流通过电场空间时，自由电子、负离子与粉尘碰撞并附着其上，便实现了粒子的荷电。

（2）荷电粒子运动和捕集。荷电粒子在电场中受库仑力的作用被驱往集尘极，经过一定时间后到达集尘极表面，放出所带电荷而沉积其上。

（3）积尘清除。从集尘极清除已沉积的粉尘，其主要目的是防止粉尘重新进入气流，影响净化器的除尘效果。

5.2.3 放电反应器的颗粒物捕集效果与优化

5.2.3.1 外加电压对颗粒物捕集效率影响

采用如图 5.1 所示的实验流程，调整风机风量，使通风管中风速保持 0.5 m/s（风速指针阵列双极电晕放电的电极迎风断面上通过的气流速度），分别测量外加正负直流高压为 20 kV、22 kV、24 kV 时各粒径颗粒物的初始浓度和处理后浓度。由于各粒径颗粒物的个数浓度比较稳定，因此在计算捕集效率 η 时可忽略颗粒物的自然沉降作用。

根据测试结果计算得到：风速为 0.5 m/s，外施电压分别为 ±20 kV、±22 kV 和 ±24 kV，处理空气一次性通过放电反应器时，颗粒去除效率如图 5.4 和图 5.5 所示。当放电反应器分别外施正、负直流高压时，各粒径颗粒的去除效率都随外施电压的升高明显提高，颗粒粒径越大则其去除效率越高，负直流高压的去除效率略高于正直流高压。

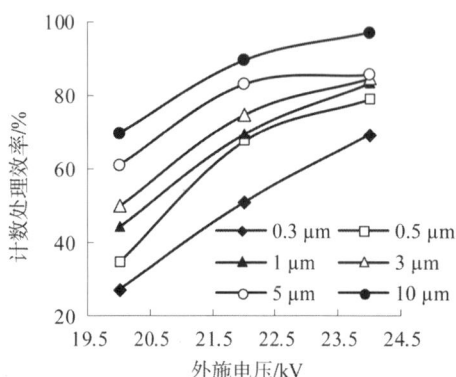

图 5.4　负直流高压时外施电压对去除效率的影响　　图 5.5　正直流高压时外施电压对去除效率的影响

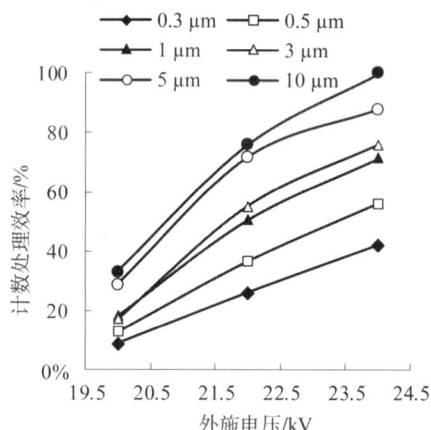

当然在一定的电极结构下，稳定的电晕放电都发生在一定的电压范围内，不能随意过度地提高放电电压。为了保证空气净化装置能够在较高的处理效率下稳定地运行，实际应用中外施电压应避免接近其火花击穿电压。

5.2.3.2 风速对颗粒物捕集效率影响

当分别外加正直流高压 22 kV 和负直流高压 –22 kV 时，测量不同风速下各粒径颗粒物处理前后的浓度。根据测试结果计算得到：外施电压分别为 ±22 kV，通风管中风速分别为 0.5 m/s、1 m/s 和 2 m/s，处理空气一次通过放电反应器时，颗粒物去除效率如图 5.6 和图 5.7 所示。可见风速对颗粒物的去除效率的影响也比较明显，随处理气流速度的增加，不同粒径颗粒物的去除效率明显降低。

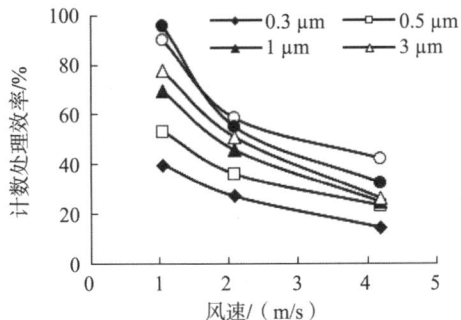

图 5.6　负直流高压时风速对处理效率的影响　　图 5.7　正直流高压时风速对处理效率的影响

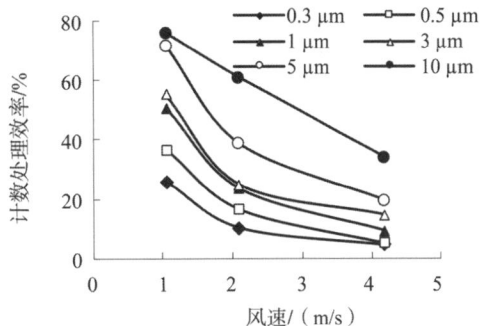

5.2.3.3　外加电压和风速与洁净空气量的关系

洁净空气量是一项涉及室内空气净化器产品使用特征并能反映出其净化能力的性能指标，单位为 m³/h。要使室内空气质量达到一定的洁净标准，有两个必要条件：第一，必须保证室内空气达到一定的换气次数，即要求洁净器内置的风机有一定的风量；第二，洁净器的一次净化效率必须比较高。洁净空气量 (CADR) 就是能定量表征洁净器以上两个必要条件的物理量，能够更好地反映出净化装置对颗粒物的去除效果。

由图 5.4~ 图 5.7 计算，得到不同外施电压和不同风速条件下的空气洁净量，如图 5.8 和图 5.9 所示。随着外施电压的增大，颗粒的去除效率增大，洁净空气量 CADR 也增大；随着风速的增大，虽然对颗粒物的去除效率下降，但洁净空气量（CADR）显著提高。风速增大意味着单位时间通过放电反应器的颗粒增多，虽然效率降低，但洁净空气量仍增大。

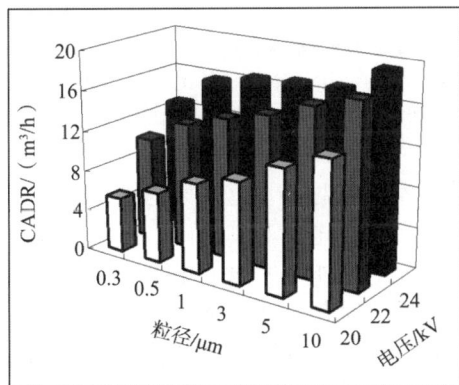

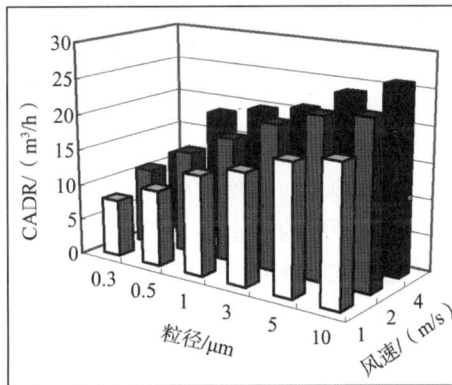

图 5.8　不同外施电压下各个粒径的 CADR　　图 5.9　不同风速下各个粒径的 CADR

5.2.4　室内颗粒物捕集效果评价

采用如图 5.2 所示的实验流程，在封闭室内分别用针阵列对板和针阵列双极两种电极结构的空气净化装置进行可吸入颗粒物捕集实验，运行 30 min 时间内各粒径颗粒浓度如图 5.10 所示。从图中可以看出，粒径在 0.3~3 μm 的颗粒物的自然沉降很小，颗粒物浓度几乎不变。粒径在 5~10 μm 颗粒物浓度会自然降低。两套净化装置对不同粒径颗粒物都有较高的捕集效率，粒径越大，捕集效率越高。两套净化装置对粒径在 1~10 μm 的颗粒物的捕集效率较为接近，而对于粒径 ≤ 1 μm 的细小颗粒物，双极电晕放电构成的净化装置具有更好的处理效果。

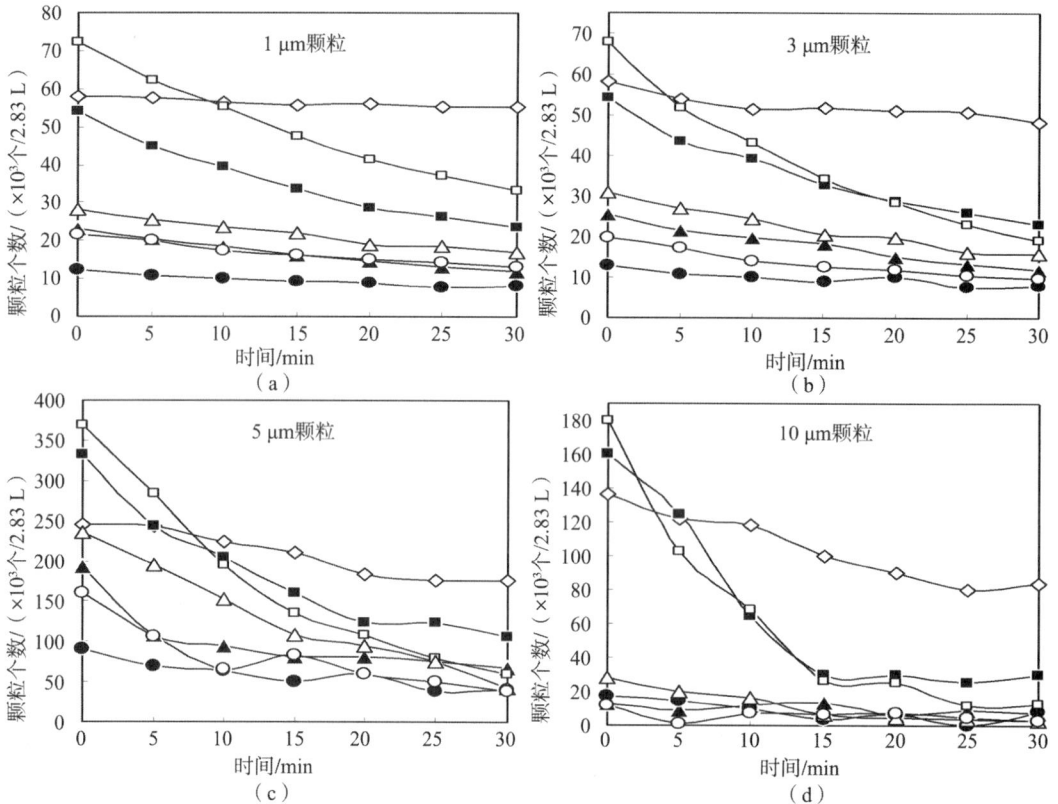

图 5.10 两套净化装置在不同风速下对不同粒径颗粒物的捕集效果

图注：（1）自然沉降（◇）；（2）针阵列对针阵列，250 m³/h（■）；（3）针阵列对针阵列，400 m³/h（▲）；（4）针阵列对针阵列，550 m³/h（●）；（5）针阵列对板，250 m³/h（□）；（6）针阵列对板，400 m³/h（△）；（7）针阵列对板，550 m³/h（○）

颗粒粒径越小，则颗粒的去除效率越低，洁净空气量越小。这是因为粒径小则荷电困难，其原因与一般的静电除尘相同。因为微粒粒径小，则电子对其的碰撞截面小，荷电后的微粒形成的电场强度高，产生的斥力大，因而需要更高能量的电子才能对其有效荷电。

脉冲电晕放电对微粒的荷电效率高但收集效率低，从而整体的捕集效率提高不大，其原因是在脉冲电晕放电区域会产生高达 30 m/s 的"电风"，增加了空气湍流。Leonard 等指出湍流扩散对荷电粒子的捕集有不利影响。同时，脉冲电晕放电单位体积的平均电场强度小于直流电晕放电，会减小粒子的趋近速度，影响捕集效果。为了增强粒子捕集效果，一些学者建议利用脉冲电晕放电进行粒子的荷电，利用直流静电场对粒子进行收集。针阵列对针阵列电极结构下的双极放电其放电能量密度为 kW/m³ 量级，达到或超过脉冲电晕放电的能量密度，因而具有与脉冲电晕放电相近的荷电效果。直流高压产生稳定均匀的电场，紊流扩散系数小，从而提高电场对颗粒物的捕集效率。并且与静电除尘中的不均匀电场相比较，双极电晕放电的电场强度更高。所以双极电晕放电更有利于荷电粒子的捕集。可见在粒子荷电和荷电粒子的捕集两方面双极电晕放电都具有很大的优势，因而此放电方式能够高效捕集微细颗粒物。

采用针阵列双极放电反应器结构，处理气流阻力小，反应器本体体积利用率高，收集的颗粒易清洗。单极电晕放电（线—筒、线—板、针—板等）去除颗粒物时，当运行一段时间后，极板上捕集的颗粒影响放电，会使去除效果明显下降。因此很多工业用电除尘设备都配有振打装置，或经常清洗放电反应器。针阵列双极电晕放电结构下，放电发生在两极的针尖处，即使长时间运行，捕集较厚的颗粒，电晕放电也不会受到影响，这是此电极结构放电反应器能长期高效运行的关键。

5.3 电晕放电耦合（光）催化净化气态污染物

5.3.1 电晕放电耦合（光）催化净化复合气态污染物

室内环境中气态污染物主要是由建筑材料、清洁剂、油漆、含水涂料、黏合剂、化妆品和洗涤剂等释放出来的，此外在吸烟和烹饪过程中也会产生。暴露在高浓度挥发性有机污染物的工作环境中可导致人体的中枢神经系统、肝、肾和血液中毒。根据国际卫生组织制定的标准，室内气态有机污染物含量不能超过 0.2ppm。

多家研究机构提出了多种等离子体放电同光催化剂直接结合降低气态污染物的方法。用 $\gamma-Al_2O_3$ 作为催化剂载体，等离子体和光催化混合系统将苯转化成 CO_2。含有 TiO_2、Pt/TiO_2 或 Ag/TiO_2 的等离子体驱动的催化反应器在提升能量效率和目标产物选择性方面的优势明显。光催化剂过滤膜插在放电电极之间，使直流流光或脉冲电晕放电同光催化剂结合等方式得以发展。TiO_2 光催化剂有效地促进了 NO_x 去除率。等离子体化学反应的主要作用是将 NO 氧化成 NO_2，相当一部分的 NO_2 被光催化剂吸收并通过同·OH 反应转变成 HNO_3。由脉冲电晕放电产生的紫外光激发 TiO_2 光催化剂，在去除恶臭过程中具有协同效应。

本实验室于 2000 年提出直流流光放电模式，其中就提到将光催化剂涂附于放电电极上。2003 年，提出非热放电和光催化协同净化污染空气装置，采用针阵列对板电晕放电，并将光催化剂设在放电电极上，使流经反应器的污染气体同时受到等离子体放电和光催化的作用。本节将对 PPC 方式在多种有害气体混合处理中的协同效应进行初步的研究。

5.3.1.1 实验建立

图 5.11 所示为实验装置示意图。一定流量的空气被泵入烟气室，烟气室中燃烧 10 支纸烟形成污染气体，经过滤层过滤后进入 PPC 反应器内或 NTP 反应器内。处理后气体进入一个曝气室内，经曝气处理后可溶性化学气体溶于水，最后干净气体由出口排出。

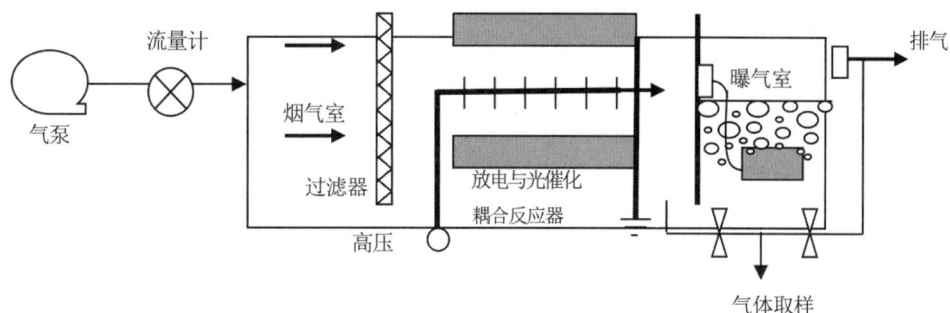

图 5.11　实验装置示意图

本实验室发展了一种具有针阵列对网电极结构的耦合反应器。反应器长 100 mm，宽 50 mm，高 50 mm。其地电极为涂有 TiO_2 催化层的网状电极，每块网状电极面积为 50×100 mm^2；网电极分设在针阵列电极的两侧，可同时形成 2 个放电通道。实际上，地电极为涂有 TiO_2 催化层的网状电极，每块网状电极面积为 50×100 mm^2，分设在针阵列电极两侧即形成 2 个放电通道。针阵列电极对网发生电晕放电，针尖到板的间距为 18 mm，针尖间距为 15 mm，高压电源最大输出功率为 100 W，最大输出电压为 25 kV，最大电流为 10 mA，通过调节控制开关可以输出正高压或负高压。

气体取样点如图 5.11 所示，分别对气体成分和浓度进行测量。主要的测试仪器如下：NO$_x$ 分析仪（Teledyne Model 911 NO$_x$）、Gastec 测试仪和相应的测试管。一台微安表和高压分压器（Tektronix P6015A）用于测量放电电流和电压，同时用一台数字示波器（Tektronix TDS 754C）记录放电参数。

5.3.1.2 结果与讨论

在污染气体处理实验中，外加电压小于 20 kV，选择正电晕放电进行实验。在图 5.11 中，空气流量为 4 L/min，在烟气室内 10 支纸烟同时燃烧，经过滤膜去除烟尘后，散发污染气体随气流流经耦合反应器和曝气室。其他实验条件如下：耦合反应器中处理气体的停留时间为 3 s，外加电压为 20.0 kV，放电电流为 1.0 mA，放电耗能为 20 W。本节所用的非热放电能高效捕集悬浮颗粒物，不需要过滤膜也能有效去除烟尘。本实验中用过滤膜的目的是减小烟尘对实验结果的影响。最后通过曝气室过滤绝大部分有害气体。

实验中检测到纸烟燃烧产生的 10 种有害气体，图 5.12 表明在非热放电和光催化耦合作用下污染物的去除效果明显优于非热放电单独作用。表 5.1 给出了 NTP 或 PPC 作用下各污染气体的浓度变化和去除效率。在非热放电作用下，有害气体主要因自由基反应而被氧化去除，其中醇转化成醛，然后转化成酸；CO 转化成 CO_2；NO 转化成 NO_2 等；NH_3、$(CH_3)_3CSH$ 和 $(CH_3)_3N$ 的浓度均有效下降。在非热放电和光催化耦合作用下，除了存在只有非热放电作用下的规律外，处理后 NH_3、$(CH_3)_3N$ 和 NO$_x$ 小于检测限，NH_3、$(CH_3)_3CSH$、$(CH_3)_3N$ 和 NO$_x$ 被高效去除。

在 PPC 作用下，多种污染气体〔如 NH_3、$(CH_3)_3CSH$、$(CH_3)_3N$ 和 NO$_x$〕的去除效率会显著提高。同时，二次污染产物的形成受到了极大抑制，例如在降低 NO$_x$ 的过程中也未检测到 NO_2。这些结果表明，对于多种污染气体的净化，PPC 处理方法能够展现显著的协同净化效应。

这种协同效应的可能原因分析如下：

（1）非热放电产生需要一个高压场强，这一电场部分作用于附有光催化剂的放电电极上，在电压作用下改变半导体催化剂中载流子的密度分布，影响光催化剂的催化活性。

（2）非热放电产生的高能电子或离子直接作用于放电电极上的光催化剂，控制光催化剂表面的电子或空穴的密度。

（3）非热放电产生的紫外光辐照光催化剂起到光催化的光源作用。除了非热放电作用外，上述三方面因素的共同作用，使得受作用的污染气体不仅仅发生等离子体化学反应，同时发生光催化化学反应，最终达到等离子体化学反应或光催化化学反应两者单独作用不可比拟的协同净化效果。

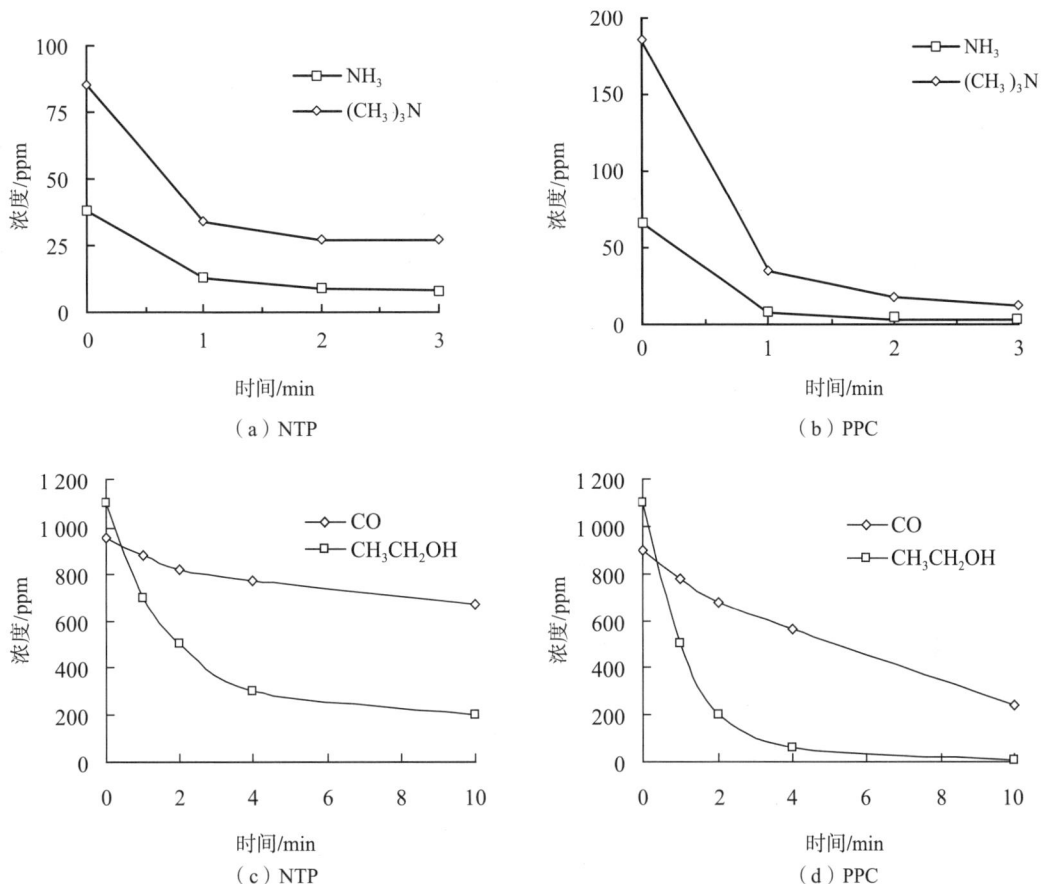

图 5.12　非热放电、非热放电和光催化耦合去除气体污染物效果

表 5.1　NTP 和 PPC 对气态污染物的去除效率

气体成分	NTP 处理			PPC 处理		
	初始浓度 / ppm	最终浓度 / ppm	去除率 /%	初始浓度 / ppm	最终浓度 / ppm	去除率 /%
CH_3CHO	100	500	—	100	500	—
NH_3	20	3	85	20	0	100
$(CH_3)_3CSH$	20	6	70	20	2	90
$(CH_3)_3N$	4	1	75	4	0	100
CH_3CH_2OH	1 000	0	100	1 000	0	100
CH_3COOH	60	600	—	60	600	—
NO	46	0	100	42	0	100
NO_2	5	13	—	4	0	100
CO	1 600	1 000	37.5	1 600	1 000	37.5
CO_2	5 400	6 000	—	5 400	6 000	—

5.3.2 电晕放电耦合（光）催化净化室内空气过程的有害副产物

电晕放电在室内空气净化中具有包括捕集可吸入颗粒物、消毒细菌等功效，且具有低能耗、放电稳定、易于应用的特点。然而，电晕放电产生一些有害副产物严重影响到其在空气净化中的应用。研究认为，在强电场作用下，空气中的氧气和氮气可能被电离形成臭氧和 NO_x。放电过程中产生的 NO_x 绝大部分是 NO_2，这可能是 NO 被氧化的结果。臭氧与NO 极易生成 NO_2，反应速率主要取决于 NO 的浓度和室内温度。研究表明，NO_x 的产生不仅浪费了能量，而且其本身也是污染物，是需要避免的。电晕放电产生臭氧同样形成二次污染。在室内空气中，臭氧本身作为一种污染物，其浓度大于 0.05ppm 时人嗅觉能感知到且对人体有害；同时，臭氧与室内污染物反应，如与不饱和烃及 NO_x 反应，能生成大量自由基和官能团。

由于在室内的空气净化中多针对板电晕放电产生 NO_x，本节研究在封闭小空间内不同极性、相对湿度、放电功率下 NO_2 的产生规律；并使用一种以活性炭及二氧化硅为载体，以锰氧化物为活性催化成分的网状催化剂进行去除，对放电前后的催化剂成分和性能进行分析研究。根据所得到的结果，进行了现场实验。

现场实验流程如图 5.2 所示，在约 90 m^3 的封闭空间内进行，设计电晕放电反应器共10 个放电通道，截面面积 30 cm × 14 cm，针尖对板放电距离 25 mm。气流通过风机以 2.8 m/s 速度通过末端装有催化剂网的反应器，经出风口排出循环风量约 400 m^3/h，放电场中风速保持在 2.8 m/s。实验结果表明，在环境相对湿度分别为 80%、20% 时，经 1.5 h 正电晕放电，该密闭空间内累积产生的 NO_2 浓度分别达到 0.2ppm 和 0.3ppm，超过了室内空气国家标准 GB/T 18883—2022 中的规定。负电晕放电在不同相对湿度下产生的 NO_2 能力均低于正电晕放电，在现场实验的封闭空间范围内，经 1.5 h 放电后，其累计产生 NO_2 浓度范围为 0.1ppm~0.2ppm。可以观察到，同小空间内 NO_2 产生量相比，虽然放电发生装置不同，但在相同功率下，两者产生的 NO_2 总量相当，NO_2 浓度随着放电空间体积的增大而降低。

在净化器出风口放置两层 MnO_2/SiO_2–C 催化剂，重复实验进行 1.5 h，室内空气中未检测到 NO_2 气体的存在，且室内空气中放电产生的臭氧气味明显减小。

主要得到以下结论：

（1）相同放电功率下，负电晕放电产生的 NO_2 浓度远小于正电晕放电；相对湿度对放电产生 NO_2 具有抑制作用。

（2）以锰氧化物为活性成分的催化剂能有效降低 NO_2 浓度，测试现场封闭室内 NO_2 浓度可降至国家标准 GB/T 18883—2022 规定的浓度以下。

（3）红外吸收光谱分析得到使用后催化剂中含 R–NO_2 基团，证实催化产物为硝酸根。

（4）BET 结果显示催化剂比表面积、总孔容、总孔面积都明显减小，表明 NO_x 在催化剂表面被大量吸附。

此外，有研究表明 MnO_2 和 Fe_2O_3 共浸液在活性炭上形成的混合氧化物对臭氧降解具有最高活性。以 MnO_2 为活性组分的催化剂催化分解臭氧优于以 CuO、Fe_2O_3 为活性组分的催化剂，以活性炭为载体的催化剂催化性能优于以 γ-Al_2O_3 和分子筛为载体的催化剂。MnO_2 能加速 O_3 向 O_2 的转化，可作为等离子体空气净化后处理来改善排气品质。

基于以上分析，这里使用一种以锰氧化物为活性成分的网状催化剂对产生的臭氧进行去除。根据所得到的结果进行现场实验。图 5.13 给出了现场实验中放电产生及使用催化剂后室内臭氧浓度的变化结果。经 1.5 h 放电后，正负电晕放电产生的臭氧浓度分别达到 0.20 mg/m³、0.16 mg/m³；正电晕放电产生臭氧浓度略大于负电晕放电；负电晕放电产生的最终臭氧浓度与其放电功率成正比，与实验空间大小成反比。

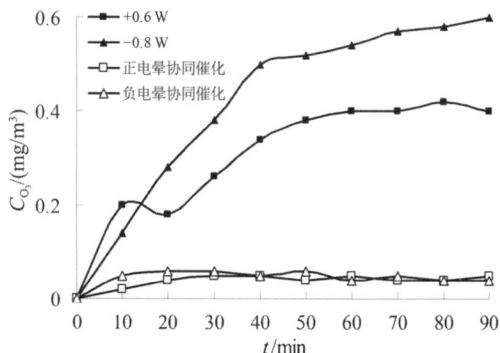

图 5.13　室内应用实验中臭氧浓度

由于臭氧产生量微量，浓度数值均极低，且数据离散性较强，因此取 1.5 h 内的臭氧平均浓度来计算。空白实验中，正负电晕放电臭氧平均浓度分别为 0.150 mg/m³、0.109 mg/m³；使用两层催化剂后，臭氧平均浓度下降为 0.085 mg/m³、0.050 mg/m³，去除率分别达到 43.3%、54.1%。可以得到以下主要结论：在负电晕放电中，臭氧浓度与放电功率成正比，与空间体积成反比；而在正放电中，取决于放电模式，即处于辉光放电阶段还是流光放电阶段；MnO_2 催化剂能有效去除电晕放电产生的微量臭氧。

◆章后语◆

自 1998 年始，我们一直在开展室内空气净化研究工作。这项工作是这些年来所开展工作中技术最成熟的。一开始做本工作是因为当初想做一些几个人就能开展的工作，这样风险会小一些，左右事情进展的主动性会强一些。大工程或大装置主要是集团乃至国家行为，作为个体可以选择融入其中、参与其中，甚至在其中起主要作用。但同时也考虑到，小装置可以化大，专注做些力所能及的事情，也许是个体发展的起点。

一个偶然的机会见到当时的 LG 等离子体空调和一些市场上的空气净化装置，一个有趣的放电现象使我们投入研发一些新型的电晕放电装置中，从而去比较新装置与已有产品的性能与功效。在两项韩国大学产业机构资助经费的支持下，我们开始了室内空气净化技术及装置的研究。

新技术及装置具有潜势，但同时意味其不成熟。发现其潜势和不足，将潜势显现于功效，弥补甚至克服其不足，使新技术及装置成熟，这是研发过程的实质。新技术及装置是否能成熟决定其是否实用，研发也就是解决其适用性的问题，包括技术成熟、经济可行和市场需求。在适用性研究中，通过技术改善和与其他技术结合的方法是十分重要的。一次有益的尝试令我们看到非热放电和光催化结合具有协同净化效应，这是后续获得国家自然科学基金资助的最重要依据，因此技术又有了些进展。

　　研究可以分为许多类，大体可以分为机理研究和适用性研究。前者对后者有指导作用，机理研究决定适用性研究的成败，即通路还是死路。作为个体可以去感知和领悟机理，但不一定去细化和发展机理，当我们决定某一点研究后须注重其适用性研究。谨慎地用我们的资源（时间、精力、思维、知识、经费等）做力所能及的工作，学以致用。在空气净化技术研究中，我们进行了样机研制和试用检测，和多家企业进行过不同研发目标的横向合作。

　　研发过程中我们对机理有了些新的感知，对装置性能的优势和不足有了些新的认识，并将技术拓展应用到本书提及的其他研究点上，从而又获得了一些相关经费资助。到现在为止，小型空气净化器已产品化，大型空气净化装置已具有制作能力。虽然还有许多工作待做，不过已认为达到研发的初步目标了。

第6章
介质阻挡放电高效合成臭氧

本章首先概述了臭氧在环境污染治理方面的广泛应用，然后阐述了臭氧合成技术的发展现状。进一步地，将上一章中基于超薄介质板和窄放电气隙特性构建板式放电反应器用于臭氧合成研究，显著提高了合成臭氧的浓度和产率；通过混合放电与纳米催化剂的有效整合，实现了对混合放电合成臭氧的有效调控。最后，基于光电学诊断技术和物化表征手段对臭氧放电合成的相关机制进行了深入探讨。

6.1 臭氧合成概述

6.1.1 臭氧的环境应用

臭氧作为一种绿色强氧化剂目前已被广泛用于水处理、废气处理、食品加工/保鲜以及医疗卫生等多个领域，并取得了满意的效果，有效提高了工农业生产效率。

6.1.2 臭氧的介质阻挡放电合成

介质阻挡放电（DBD）是一种把绝缘介质置入电极之间形成的非平衡态气体放电，介质可以覆盖在电极表面或者悬挂于放电空间，能够在较宽的气压范围（104~106 Pa）和交变电源频率（50 Hz~1 MHz）下运行。该放电虽然在宏观上表现得很均匀、弥散且稳定，但微观上是由无数微放电的快脉冲电流细丝组成的。

DBD 合成臭氧时的反应过程十分复杂，涉及从放电电离到离子复合等大量的等离子体化学反应。对于纯氧放电来说，反应式（6.1）~式（6.5）在气体放电合成臭氧过程中起着主导作用。据此，臭氧的合成机制可简单地描述为：施加高压后，强电场使得放电气隙内产生含有大量活性物种（如高能电子、离子、自由基和激发态分子等）的等离子体；氧分子在等离子体内通过与高能电子碰撞反应分解成氧原子〔反应式（6.1）〕，之后通过三体碰撞过程合成臭氧〔反应式（7.2）〕；此外，等离子体中的电子和氧原子等活性物种通过与臭氧的碰撞也会造成臭氧的分解〔反应式（7.3）~式（7.5）〕。上述反应过程使得气体放电中臭氧的合成与分解达到平衡。

$$e + O_2 \rightarrow e + O_2 \, (B^3 \Sigma{-}u, A^3\Sigma{+}u) \rightarrow e + O \, (^3P) + O \, (^3P, ^1D) \qquad (6.1)$$

$$O + O_2 + M \rightarrow O_3 + M \qquad (6.2)$$

$$e + O_3 \rightarrow O_2 + O + e \qquad (6.3)$$

$$O + O_3 \rightarrow 2O_2 \qquad (6.4)$$

$$O_2 + O_3 \rightarrow O + O_2 + O_2 \qquad (6.5)$$

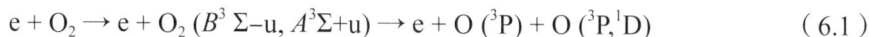

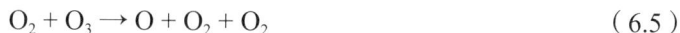

其中，M 代表氧原子、氧分子和反应器壁，在空气放电中也可以是 N_2 等。

6.1.3 臭氧合成发展现状

由于自然条件下（太阳的光化学反应和雷击的电火花作用）产生的臭氧在大气中所占比例很小，为了满足人类的生产生活需求，人工合成臭氧显得十分必要。目前人工合成臭氧的途径包括紫外线照射法、电解法、放射化学法、气体放电法等。其中，气体放电合成臭氧法是通过放电产生等离子体，进而使氧分子解离产生臭氧的一种重要方法，主要包括介质阻挡放电法、电晕放电法、辉光放电法、脉冲流光放电法等。介质阻挡放电法是目前工业化程度最高的一种臭氧合成方法，并在国内外得到了广泛的研究和应用。该方法具有较宽的气压运行范围，能够在常温和大气压下产生大面积、高能量密度的低温等离子体，因此可显著地促进臭氧合成，目前工业上所用大型臭氧发生器（臭氧产量在 1 kg/h 以上）均采用这种放电形式。而电晕放电法、辉光放电法、脉冲流光放电法等虽在臭氧合成领域亦有诸多研究，但由于电晕放电产生的电子能量较低，辉光放电法的运行条件较为苛刻（通常需在真空或低气压环境中进行，操作复杂等），以及脉冲流光放电的运行成本较高等原因，限制了它们合成臭氧的工业化应用。

表 6.1 对比了不同的臭氧合成方法。介质阻挡放电法无论在操作的简易程度、运行成本的高低，还是在臭氧合成效率和应用市场化方面，均优于其他臭氧合成方法，因而在臭氧合成领域得到了广泛应用。

表 6.1　不同的臭氧合成方法对比

臭氧合成方法	工作条件	臭氧源	应用
紫外线照射法	大功率紫外灯或氙灯	氧气 / 空气 / 水	处于实验室阶段，不易大规模工业应用
电解法	电解池	水	处于发展和实验室阶段，小规模应用
放射化学法	X- 射线、γ- 射线	高纯水	安全性差，成本高，适用特殊场合
电晕放电法	常压	氧气 / 空气	所产电子能量低，臭氧产率不高
辉光放电法	通常真空 / 低气压	氧气 / 空气	成本高，不适合规模化应用
脉冲流光放电法	纳秒级脉冲电源（<5 ns）	氧气 / 空气	成本高，实验室阶段
介质阻挡放电法	宽气压和电源频率	氧气 / 空气	大规模工业化生产

6.2 双重沿面放电合成臭氧

6.2.1 气流模式对臭氧合成的影响

考虑到气体在反应器内的分布状态可能会影响反应器的 O_3 合成,因此,为了获得最佳的气流分布以提高 O_3 合成,除了在放电区的前后两端设置气体缓冲区外,我们将对气体进入反应器的方式以及气体在腔体内的流动模式进行考察。实验条件为: f 为 1.7 kHz、d_d 为 0.25 mm、d_g 为 1 mm、Q_{O_2} 为 0.1 L/min。

6.2.1.1 电极 – 气流模式

为了实验电极 – 气流模式对反应器 O_3 合成的影响,分别考察了电极 – 气流垂直和平行两种气流模式结构下的臭氧合成。实验在 P_{in} 为 1~5 W 条件下比较了上述两种电极 – 气流模式对 DSDBD 合成 O_3 的影响,结果如图 6.1 所示。从图 6.1(a)可以看出,随着 E_d 的增加,C_{O_3} 在电极 – 气流平行模式下从 12.7 g/Nm³ 增加到 56.2 g/Nm³,而在垂直模式下从 12.1 g/Nm³ 增加到 54.3 g/Nm³。这说明,在相同 E_d 下,较之垂直模式,电极 – 气流平行模式可获得稍高的 C_{O_3}。此外,无论采用何种电极 – 气流模式,η 均随着 C_{O_3} 的增加呈现出下降趋势。但较之垂直模式,在相同 C_{O_3} 条件下,反应器在平行模式下具有更高的 η。上述结果表明,电极 – 气流采用平行模式比垂直模式更有利于 O_3 的合成。根据 Pekárek 等的研究,在电极 – 气流垂直模式下,电极条易引起气流的轻微扰动,这可能是造成两种电极 – 气流模式表现出不同 O_3 合成性能的原因。

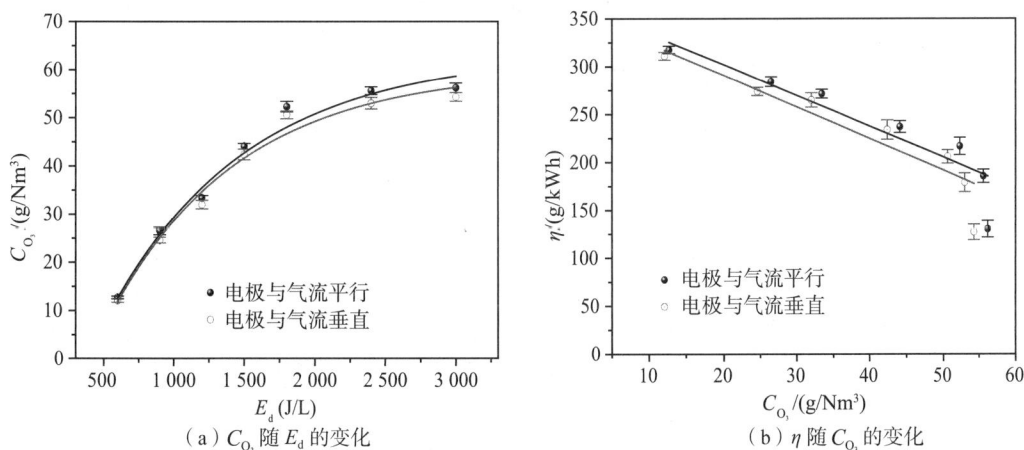

图 6.1　不同电极 – 气流模式下 C_{O_3} 随 E_d 的变化和 η 随 C_{O_3} 的变化

6.2.1.2 腔体 – 气流模式

为了研究气体在反应器内的流动方式对 O_3 合成的影响,考察了串联与并联两种腔体 – 气流模式下的臭氧合成情况。图 6.2 对串联和并联这两种不同气流模式下 DSDBD 反应器的 C_{O_3} 和 η 进行了比较。在两种气流模式下,C_{O_3} 均随着 E_d 的增加而先增加,后趋于稳定〔见图 6.2(a)〕,η 则均随 C_{O_3} 的增加呈线性下降〔见图 6.2(b)〕。不过,相较于并联气流模式,串联气流模式在相同 E_d 下将 C_{O_3} 最大提高了约 60%〔见图 6.2(a)〕,并在相同 C_{O_3} 下将 η 最大提高了约 41%〔见图 6.2(b)〕。虽然在串联和并联模式下 O_2 在反应器内理论上具有相同的停留时间，不过上述结果表明腔体 – 气流在串联模式下更有利于 DSDBD 反应器合成 O_3。这是因为，在并联模式下，O_2 实际上并不能被平均且均匀地分配到反应器的两个放电腔体中，从而可能使得 DSDBD 表现出相对较差且不稳定的 O_3 合成状态。相反，在串联模式下，O_2 能稳定且连续地流经两个放电腔体，因而更有利于进行 O_3 合成反应。另外，相较于并联模式，串联模式能够降低形成于上放电腔体中活性物种的猝灭速率，延长它们的寿命，从而使其对于下放电腔体中的 O_3 合成反应表现出协同催化效应，因而可表现出增强 O_3 合成的效果。当对其他影响因素进行考察时，DSDBD 反应器均采用腔体 – 气流串联模式。

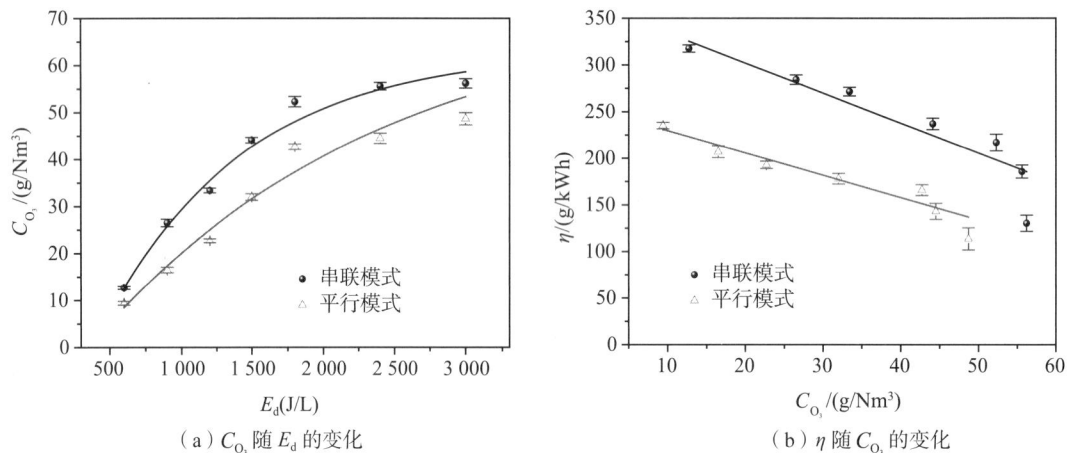

（a）C_{O_3} 随 E_d 的变化　　　　　　（b）η 随 C_{O_3} 的变化

图 6.2　不同腔体 – 气流模式下 C_{O_3} 随 E_d 的变化和 η 随 C_{O_3} 的变化

6.2.2　电介质对臭氧合成的影响

为了考察电介质对 O_3 合成的影响，实验对比研究了不同材质和厚度的电介质板对臭氧合成的影响。

6.2.2.1　介质材质的影响

在 d_d 和 d_g 分别为 0.25 mm 和 $d_g = 1$ mm，f 为 1.7 kHz 条件下，实验对比分析了不同电介质（ZrO_2、Al_2O_3 和 AlN）对 DSDBD 合成 O_3 的影响，结果如图 6.3 所示。当 P_{in} 为 4 W 时，DSDBD 反应器的 C_{O_3} 在 ZrO_2、Al_2O_3 和 AlN 下分别为 55.6 g/Nm³、50.4 g/Nm³ 和 29.8 g/Nm³，相应的 η 分别为 185.7 g/kWh、170.0 g/kWh 和 103.8 g/kWh。显然，当采用 ZrO_2 介质板时，DSDBD 反应器同时获得了最高的 C_{O_3} 和 η。这说明，相较于 Al_2O_3 和 AlN，ZrO_2 促进了放电过程中的 O_3 合成反应。上述差异性的 O_3 合成表现归因于电介质的性能和其微观结构的不同。

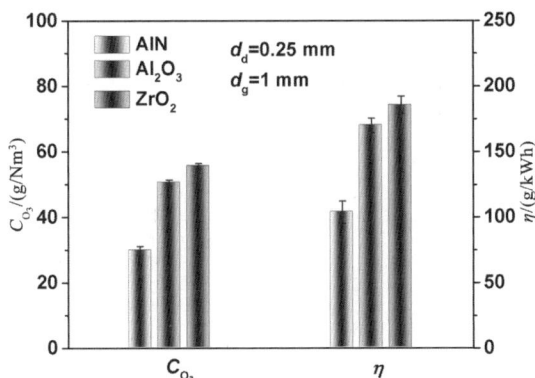

图 6.3　不同介质材质下 DSDBD 反应器的 C_{O_3} 和 η

6.2.2.2　介质厚度的影响

鉴于 ZrO_2 介质板在 O_3 合成中的优异表现，实验选用其为介质板，在 P_{in} 为 4 W 和 d_g 为 1 mm 条件下研究了 d_d 对 DSDBD 合成 O_3 的影响，结果见图 6.4 所示。当 d_d 从 1 mm 减小至 0.25 mm 时，C_{O_3} 和 η 分别从 41.9 g/Nm³ 增至 55.6 g/Nm³ 和 163.3 g/kWh 增至 185.7 g/kWh，说明 d_d 的变化对 DSDBD 合成 O_3 产生了显著影响，减小 d_d 能够明显提高反应器合成 O_3 的能力，相似的结果见文献报道。

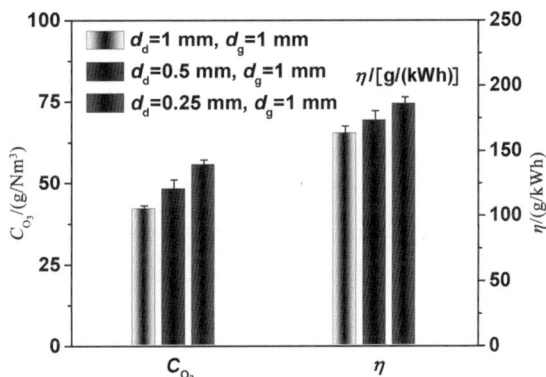

图 6.4　不同 d_d 下 DSDBD 反应器的 C_{O_3} 和 η

6.2.3　放电气隙对臭氧合成的影响

实验还考察了放电气隙对 DSDBD 反应器 O_3 合成的影响，结果如图 6.5 所示。实验条件为：介质板为 ZrO_2、d_d 为 0.25 mm、f 为 1.7 kHz，d_g 的考察范围为 1~10 mm。从图 6.5 可知，在 P_{in} 为 4 W 条件下，随着 d_g 由 10 mm 减小至 1 mm，DSDBD 反应器的 C_{O_3} 和 η 分别从 38.8 g/Nm³ 和 118.5 g/kWh 增至 55.6 g/Nm³ 和 185.7 g/kWh，说明减小 d_g 有效促进了 DSDBD 反应器合成 O_3。

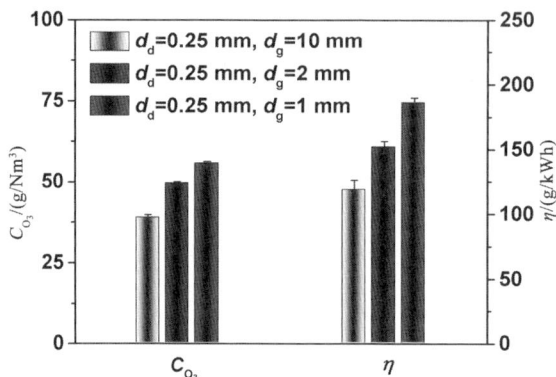

图 6.5 不同 d_g 下 DSDBD 反应器的 C_{O_3} 和 η

6.3 板式体相－沿面混合放电合成臭氧

图 6.6 所示为双重沿面放电反应器的截面示意图和栅状电极照片。如图 6.6（a）所示，厚度为 2 mm 的有机玻璃板构成双重沿面放电反应器 [65 mm (L) × 50 mm (W)] 的外壳，一块介质板置于反应器内部中央将等离子体区分成上下相等的两个腔体 [61 mm (L) × 46 mm (W) × 1~10 mm (H)]。介质板的厚度为 0.25~1 mm。在空间上呈交叉排布的一对栅状电极分别作为高压电极和地电极附着于介质板的两面。其中，高压电极由 7 根一端相连的电极条组成 [见图 6.6（b）]，而地电极由 6 根一端相连的电极条组成，每个电极条的净长和宽分别为 36 mm 和 2 mm，电极条间距设为 4 mm。高压电极和地电极的表面积大约分别为 14.44 cm² 和 12.16 cm²。当为反应器供电时，介质板的两面可同时形成等离子层。基于该反应器结构，实验对一系列影响臭氧合成的关键结构参数进行了考察，筛选出了最优的结构参数组合。

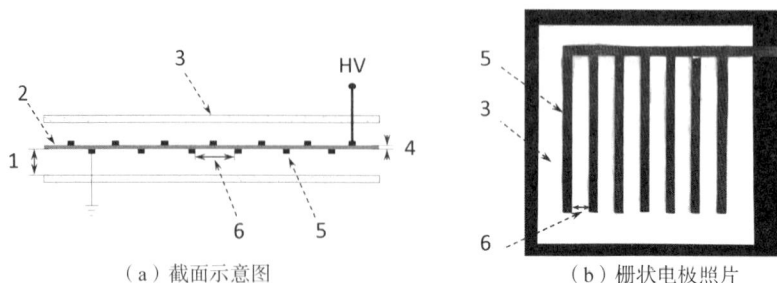

（a）截面示意图 （b）栅状电极照片

图 6.6 双重沿面放电反应器的截面示意图和栅状电极照片

1—放电气隙；2—介质板；3—有机玻璃外壳；4—介质厚度；5—栅状电极；6—电极条间距

图 6.7 所示为在最优的结构参数下构建的体相－沿面混合放电电极结构截面图和反应器示意图。如图 6.7（a）所示，材质为金属钛的板状电极和栅状电极分别附着在上 ZrO_2 介质板的外表面和下 ZrO_2 介质板的内表面，其中栅状电极接高压，板状电极接地。板状电极和栅状电极的尺寸分别为 42 mm (L) × 42 mm (W) × 0.05 mm (T) 和 38 mm (L) × 38 mm (W) × 0.05 mm (T)。ZrO_2 介质板的尺寸为 50 mm (L) × 50 mm (W) × 0.25 mm (T)，纯

度和介电常数分别为 99.6% 和 12.5，上下介质板之间形成放电气隙，间距为 1 mm。栅状电极由 7 根一端相连的电极条组成，电极条的净长、宽及电极条间距分别为 36 mm、2 mm 和 4 mm。反应器 [见图 6.7（b）] 的两端设置有进气孔（$\varphi=3$ mm）、出气孔（$\varphi=3$ mm）以及光纤孔（$\varphi=3$ mm）。该混合放电反应器可将体相放电和沿面放电耦合在同一放电气隙内，相同条件下可获得更高的能量注入，提高了等离子体密度，因而能显著提高臭氧合成浓度和产率。

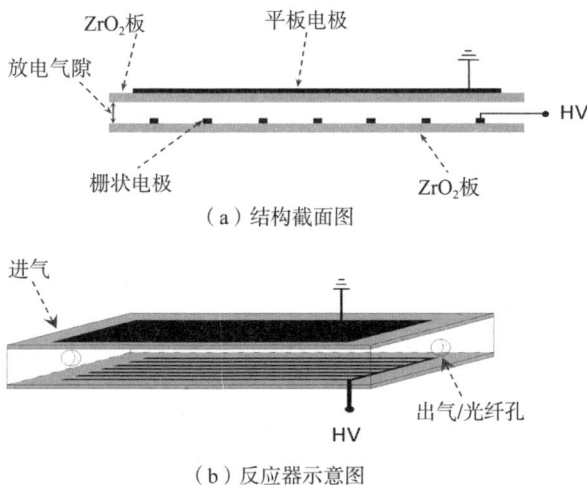

（a）结构截面图

（b）反应器示意图

图 6.7　体相 – 沿面混合放电电极结构截面图和反应器示意图

为了对比放电特性并验证上述体相 – 沿面混合放电（见图 6.7）以及双重沿面放电（见图 6.6）在臭氧合成方面的优越性，在相同的条件下，也构建了常规的体相介质阻挡放电（VDBD）和沿面放电（SDBD）反应器，其结构如图 6.8 所示。

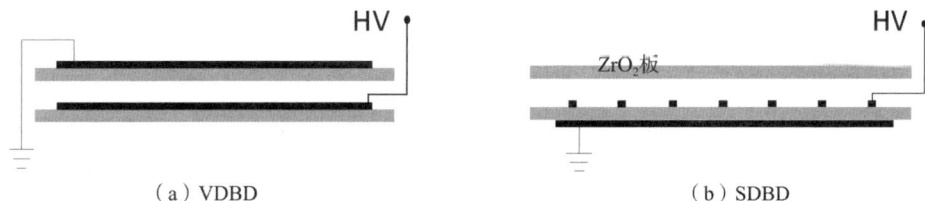

（a）VDBD　　　　　　　　　　　　（b）SDBD

图 6.8　常规 VDBD 和 SDBD 反应器截面图

6.3.1　混合放电合成臭氧性能

为了验证新型混合放电（HD）的 O_3 合成性能，实验在 P_{in} 为 1~5 W 条件下对比分析了 HD、VDBD 和 SDBD 在纯 O_2 气氛中的 C_{O_3} 和 η，结果如图 6.9~ 图 6.10 所示。

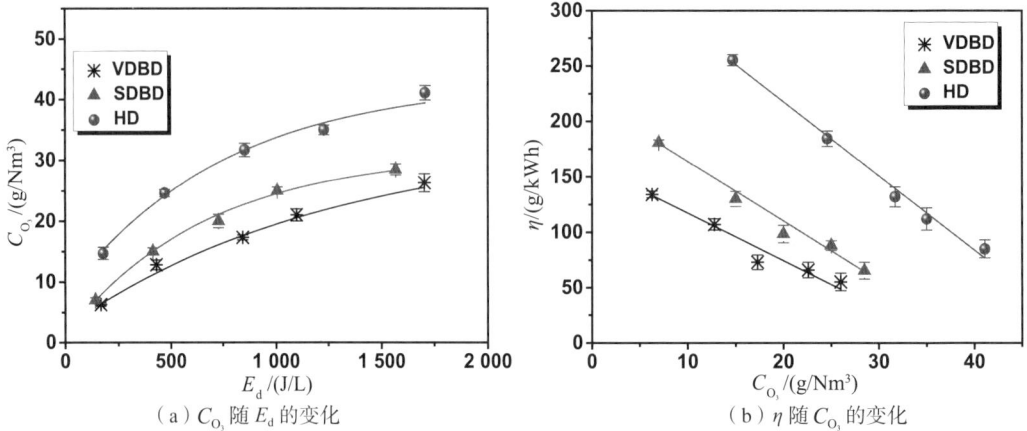

（a）C_{O_3} 随 E_d 的变化   （b）η 随 C_{O_3} 的变化

图 6.9 不同放电形式的 C_{O_3} 随 E_d 的变化和 η 随 C_{O_3} 的变化

图 6.9 所示为不同放电形式下 C_{O_3} 随 E_d 的变化和 η 随 C_{O_3} 的变化。对所有放电形式来说，C_{O_3} 均随着 E_d 的增加而先增加，后趋于稳定〔见图 6.9（a）〕，η 则均随 C_{O_3} 的增加呈线性下降〔见图 6.9（b）〕。具体地，HD 的 C_{O_3} 和 η 分别为 14.7~41.1 g/Nm³ 和 255.2~85.0 g/kWh〔见图 6.9（a）〕。而常规 VDBD 和 SDBD 的 C_{O_3} 分别为 6.3~26.3 g/Nm³ 和 7.0~28.5 g/Nm³，其对应的 η 分别为 134.1~55.3 g/kWh 和 180.8~65.4 g/kWh〔见图 6.9（b）〕。明显地，相较于 VDBD 和 SDBD，HD 分别在相同的 E_d 和 C_{O_3} 下获得了最高的 C_{O_3} 和 η。所得 C_{O_3} 和 η 最大分别是 VDBD 的 2.3 倍和 1.9 倍，以及 SDBD 的 2.1 倍和 1.4 倍，说明 HD 具有比常规 VDBD 和 SDBD 更优的 O_3 合成性能。这与放电诊断结果一致，HD 因在相同条件下比常规 VDBD 和 SDBD 具有更高的能量效率，获得了更高的 T_{exc} 和 n_e，进而促进了 O_3 合成。

为了进一步验证新型 HD 在 O_3 合成方面的高效性，将其与已报道的其他典型 HDs 和 DBDs 的 O_3 合成效果进行了比较，结果如图 6.10 所示，放电 O_3 合成过程中采用的实验参数汇总于表 6.2。与其他放电相比，构建的新型 HD 在高 C_{O_3} 下获得了相对较高的 η，这进一步证明了构建的 HD 在 O_3 合成上的优势。

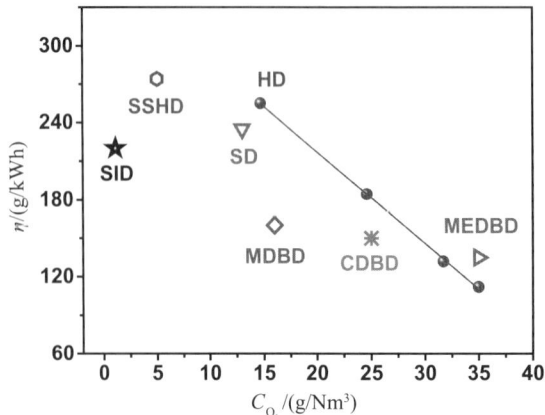

图 6.10 HD 与几种典型放电模式下的 O_3 合成对比

表 6.2　几种典型放电模式下的 O_3 合成条件

放电	气源	电源	冷却
无声混合表面放电（SSHD）	O_2	AC	N
脉冲复合交流放电（SID）	O_2	Pulsed + AC	N
滑动放电（SD）	O_2	Pulsed	N
多通道介质阻挡放电（MDBD）	O_2	Pulsed	N
筒状介质阻挡放电（CDBD）	O_2	Pulsed	Y
网状电极介质阻挡放电（MEDBD）	O_2	AC	N
混合放电（HD）	O_2	AC	N

　　另外，实验也对新型 HD 在空气中的 O_3 合成效果进行了考察。实验条件为：P_{in} 为 1~5 W，Q_{air} 为 0.1 L/min；实验结果如图 6.11 所示。从图 6.11（a）可以看出，在空气中，HD 的 C_{O_3} 随着 E_d 的增加而先增加，后逐渐趋于稳定；而 η 随着 C_{O_3} 的增加呈现出线性下降 [图 6.11（b）]。这说明新型 HD 在空气中的 O_3 合成规律与纯 O_2 下的一致，均可在高 E_d 下出现 O_3 的合成与分解反应平衡。进一步地，将空气下的 O_3 合成结果与纯 O_2 下的结果对比发现，新型 HD 在空气下的 C_{O_3}[5.1~ 14.5 g/(Nm³)] 和 η[100.2~31.3 g/(kWh)] 远低于其在纯 O_2 下的 C_{O_3} 和 η（见图 6.9），这是空气中存在大量 N_2 的原因。大量 N_2 的存在，降低了相同体积下 O_2 的密度，这不仅减少了高能电子与 O_2 的碰撞概率，还会因高能电子与 N_2 的碰撞反应式（6.6）而对高能电子造成消耗。此外，空气等离子体放电过程中产生的 N、N^+、N_2^+ 等大量的氮活性物种，以及 NO、N_2O、NO_2 和 N_2O_5 等一系列氮氧化物也会参与到 O_3 合成的复杂反应中，并通过反应式（6.7）和式（6.8）抑制反应器合成 O_3。

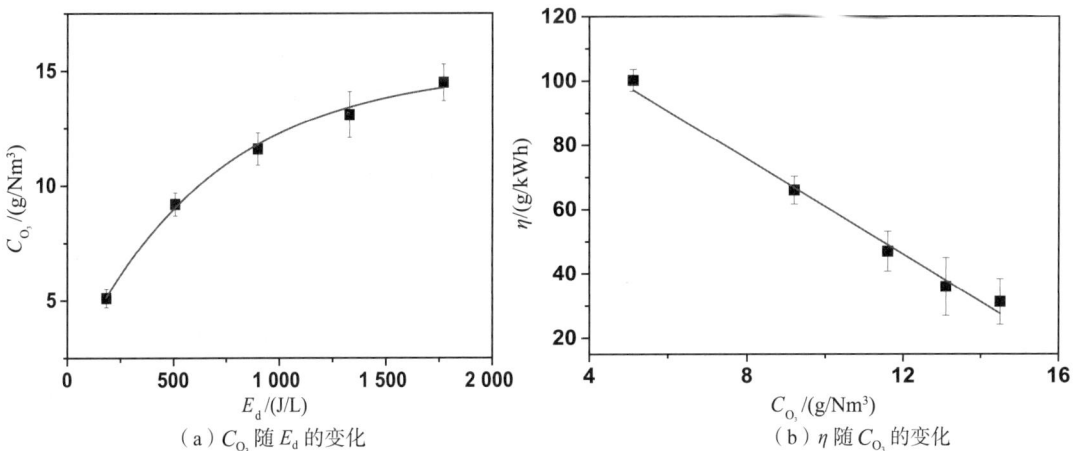

$$e + N_2 (X^1\Sigma-u) \rightarrow e + 2N (^4S) \tag{6.6}$$
$$NO_3 + O \rightarrow NO_2 + O_2 \tag{6.7}$$
$$NO_3 + NO_2 \rightarrow N_2O_5 + O_2 \tag{6.8}$$

（a）C_{O_3} 随 E_d 的变化　　（b）η 随 C_{O_3} 的变化

图 6.11　HD 在空气中 C_{O_3} 随 E_d 的变化和 η 随 C_{O_3} 的变化

　　实验将新型 HD 在空气中的 O_3 合成性能与文献报道的其他放电反应器进行了对比，结果汇总于表 6.3。经过对比可知，在交流电源供能以及无强制冷却下，构建的新型 HD

反应器依然在高 C_{O_3} 下具有更高的 η。虽然 Masuda 等利用管式 SDBD 反应器在空气放电下获得了高达 170 g/kWh 的 η，但在 O_3 合成过程中，采用低至 -90 ℃ 的低温液化气体对反应器进行冷却处理是必不可少的，这不仅增加了反应器的运行成本，同时也不利于市场普及。对比结果充分证明了新型 HD 反应器在空气中依然具有优越的 O_3 合成性能。

表 6.3　新型 HD 反应器与其他反应器于空气中的 O_3 合成比较

放电形式	C_{O_3}/(g/Nm³)	η/(g/kWh)	电源	冷却
圆筒 DBD	8	46	AC	N
圆筒脉冲 DBD	—	52	Pulsed	Y
平面电极 DBD	0.2~2.4	10~90	AC	Y
表面耦合 DBD	1~9	70~100	Pulsed	N
管状 DBD	—	170	AC	Y
混合放电 (HD)	5.1~14.5	31.3~100.2	AC	N

上述结果充分证明，采用高介电性能的超薄 ZrO_2（0.25 mm）充当电介质，在 1 mm 的窄 d_g 下构建的新型 HD 反应器具有优越的 O_3 合成性能。通常，反应器的 O_3 合成表现与其放电特性密切相关。众所周知，O_3 合成源自放电过程中复杂的等离子体化学反应，其中反应（6.1）~（6.4）起着主导作用。由 O_3 合成反应（6.1）~（6.2）可知，氧原子（O）是 O_3 形成过程中的重要前驱物，而高能电子因可在与 O_2 碰撞过程中将其有效分解为前驱物 O，从而在放电 O_3 合成中起着关键性作用。因而，对于反应器而言，在放电过程中增大高能电子密度可有效提高其 O_3 合成性能。

6.3.2　混合放电合成臭氧的稳定性

为了验证新型 HD 反应器在 O_3 合成方面的可靠性，本节对该反应器的长时间运行稳定性进行了测试。具体实验为：在 P_{in} 为 2 W 条件下对 HD 反应器进行连续 6 h 的放电操作，并每隔 10 min 采集一次电信号，同时记录一次 C_{O_3}；通过采集电压电流波形和李萨如（Lissajous）图形对 HD 反应器在运行过程中的电学特性变化进行观察，以及基于李萨如图形对 P_{dis} 进行计算。此外，还利用热电偶对反应器内的 T_g 进行实时监控。测试结果如图 6.12、图 6.13 所示。图 6.12 所示为 HD 反应器在连续 6 h 放电过程中其 C_{O_3} 和 η 随时间的变化。很明显，在放电初期，HD 反应器的 C_{O_3} 和 η 随着放电时间的延长均稍有下降，但均在连续放电 10 min 内达到稳定，分别大约稳定在 24.5 g/Nm³ 和 185.0 g/kWh。图 6.13 所示为 HD 反应器在连续 6 h 放电 O_3 合成过程中 T_g 随时间的变化。当给反应器供能时，由于电能向热能转换，反应器腔体内的 T_g 迅速上升，当放电在持续 10 min 后达到稳定时，T_g 在大约放电 10 min 后亦达到稳定，并随后维持在 36 ℃。上述结果说明在长达 6 h 的放电过程中，HD 的电学特性和 O_3 合成均表现得较为稳定。另外，为了验证新型 HD 反应器的重复性，将 HD 反应器搁置 24 h 后重新进行连续 6 h 的放电测试。实验结果表明，新型 HD 的电学信号、T_g 以及 C_{O_3} 和 η 均与搁置前的测试结果相一致，这说明 HD 反应器亦具有良好的重复性。综上，构建的新型板式体相 - 沿面 HD 反应器在高 C_{O_3} 和 η 下所具有的良好稳定性和重复性，意味着其有望发展成一种可靠、高效的 O_3 合成技术。

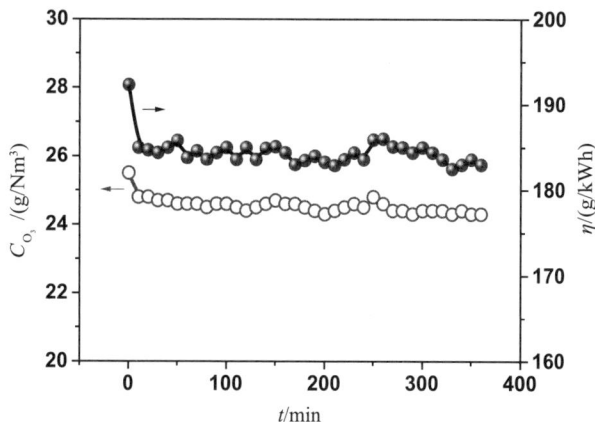

图 6.12　HD 反应器在 O_3 合成中的稳定性测试

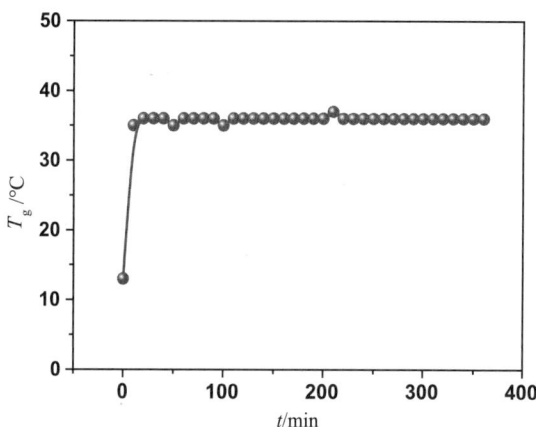

图 6.13　HD 反应器内的 T_g 随放电时长的变化

6.4　混合放电耦合纳米催化剂合成臭氧

6.4.1　纳米催化剂涂层对臭氧合成的影响

为了研究纳米催化剂涂层对新型的板式体相 – 沿面混合放电（HD）合成 O_3 的影响，实验分别将 TiO_2 和 MnO_x 涂层与 HD 结合，在 f 为 1.66 kHz 条件下进行 O_3 合成，并与单纯的 HD 进行比较，结果如图 6.14 所示。从图中可以看出，纳米催化剂涂层的存在对 HD 的 O_3 合成产生了显著影响。当添加 TiO_2 涂层时，HD 在 P_{in} 为 1~5 W 条件下的 C_{O_3} 和 η 分别为 19.3~58.2 g/Nm³ 和 320.0~121.8 g/kWh，相较于单纯 HD（15.0~41.8 g/Nm³ 和 258.5~88.6 g/kWh），分别提高了大约 40% 和 38%，说明 TiO_2 涂层显著促进了 O_3 合成，这与文献报道的结果一致。相反，当添加 MnO_x 涂层时，则引起了 HD 反应器 O_3 合成的显著下降，使 C_{O_3} 和 η 分别降至 1.7~7.5 g/Nm³ 和 32.2~16.1 g/kWh，这可能是由于 MnO_x 对 O_3 的超强分解能力所致。显然，HD 结合纳米催化剂涂层在 O_3 合成中的表现严重依赖于催化剂的性质。

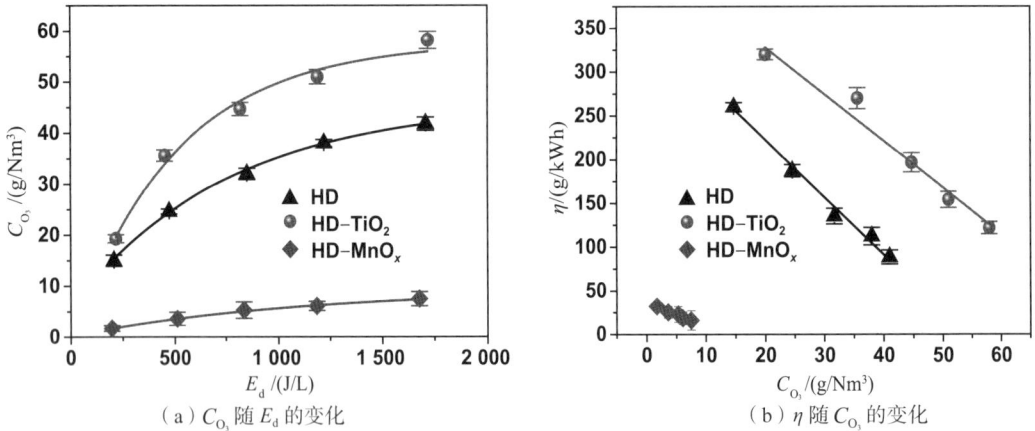

(a) C_{O_3} 随 E_d 的变化

(b) η 随 C_{O_3} 的变化

图 6.14 纯 O_2 放电气氛下不同放电体系的 C_{O_3} 随 E_d 的变化和 η 随 C_{O_3} 的变化

为了进一步证明上述观点，实验接下来在相同条件下继续考察了其他一系列纳米催化剂涂层在放电 O_3 合成中的表现，结果如图 6.15 所示。基于不同纳米催化剂涂层构建的 HD 反应器合成 O_3 的效果符合：TiO_2 > SiO_2 > ZnO > ZrO_2 > 单纯 HD > CeO_2 > Fe_2O_3 > Co_3O_4 > MnO_x。该结果表明，具有单一价态的催化剂利于 HD 合成 O_3，而含有可变价元素的多价态催化剂对 HD 的 O_3 合成产生了抑制作用。另外，实验也对纳米催化剂涂层在空气放电合成 O_3 中的影响进行了考察，结果如图 6.16 所示。从图 6.16 中可以看出，尽管由于空气中的 O_2 含量较少导致 HD 在空气中的 C_{O_3} 远低于纯 O_2 中，但 TiO_2 涂层的存在依然对空气放电合成 O_3 产生了积极的促进作用。至于 MnO_x 涂层，由于其对 O_3 具有强分解能力，在空气中依然对 HD 的 O_3 合成产生了负面作用，使其 C_{O_3} 低于 3 g/Nm^3，因而在 MnO_x 涂层下的 O_3 合成结果未在图 6.16 中给出。上述结果充分证明了催化剂性质确实在 O_3 合成中起着关键作用。接下来，为了更好地理解单一价态和多价态催化剂在 O_3 合成中的不同表现，选用 TiO_2 和 MnO_x 为两种催化剂代表进行一系列的对比实验研究。

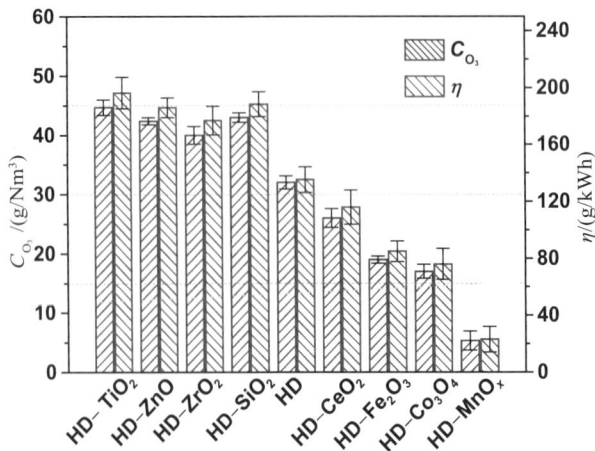

图 6.15 纯 O_2 放电气氛下不同纳米催化剂涂层对 C_{O_3} 和 η 的影响

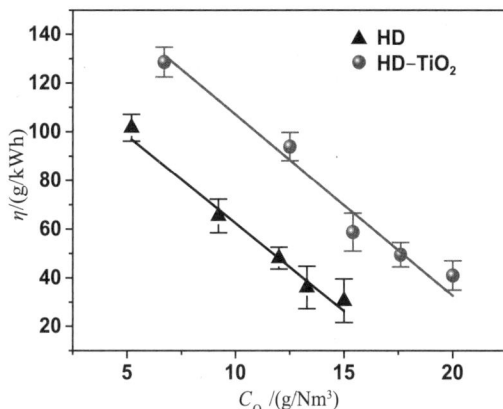

图 6.16　空气放电下不同体系中 η 随 C_{O_3} 的变化

6.4.2　纳米催化剂涂层对混合放电特性的影响

6.4.2.1　对电学特性的影响

为了探索纳米催化剂涂层对 HD 电学特性的影响，实验在 P_{in} 和 f 分别为 3 W 和 1.66 kHz 条件下对比研究了不同放电体系于纯 O_2 中的电压电流波形和李萨如图形，结果分别如图 6.17、图 6.18 所示。图 6.17 所示为不同放电体系的电压电流波形对比。大量的微放电电流脉冲在不同的放电体系均被观察到，证明了它们具备丝状 DBD 属性。在相同 P_{in} 条件下，HD 的电压幅值大约为 4 kV（见图 6.17），而 TiO_2 和 MnO_x 催化剂涂层的存在虽然没有引起 HD 电压幅值的明显改变，但是导致电流脉冲强度的明显下降 [分别见图 6.17（b）和图 6.17（c）]。此外，从图 6.17 还可以看出，HD 在负半周期的电流脉冲强度要比正半周期的强得多。但是，当添加纳米催化剂涂层（TiO_2 和 MnO_x）后，正、负半周期内的电流脉冲强度变得相互对称，这意味着催化剂涂层的存在使 HD 变得更加均匀。这种纳米催化剂涂层对 HD 电学特性上的影响归因于介质板表面性质的改变。

尽管纳米催化剂涂层影响了 HD 的电流特性，但值得注意的是，纳米催化剂涂层并没有对 HD 的能量效率产生明显的影响。从图 6.18 中呈现的不同放电体系下的李萨如图形可以看出，相同 P_{in} 条件下，HD、HD-TiO_2 和 HD-MnO_x 这三种体系在每半个放电周期内具有相似的转移电荷（ΔQ）。而基于李萨如图形对不同 HD 体系中 P_{dis} 的计算结果也支持了这一观点。通过计算，HD、HD-TiO_2 和 HD-MnO_x 在 P_{in} 为 3 W 条件下的 P_{dis} 分别为 1.42 W、1.35 W 和 1.39 W，三者之间的最大差值占比在 5% 以内，这充分说明上述三种 HD 体系具有相似的能量效率。

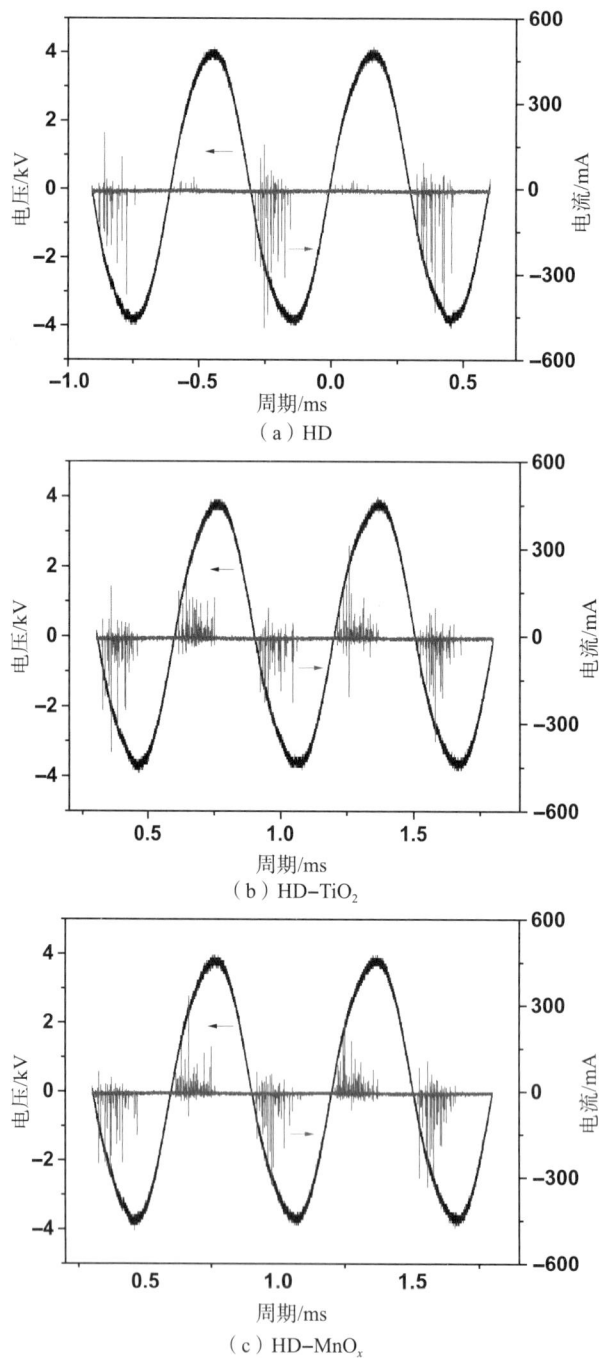

（a）HD

（b）HD–TiO$_2$

（c）HD–MnO$_x$

图 6.17 纯 O$_2$ 下典型的电压－电流波形图

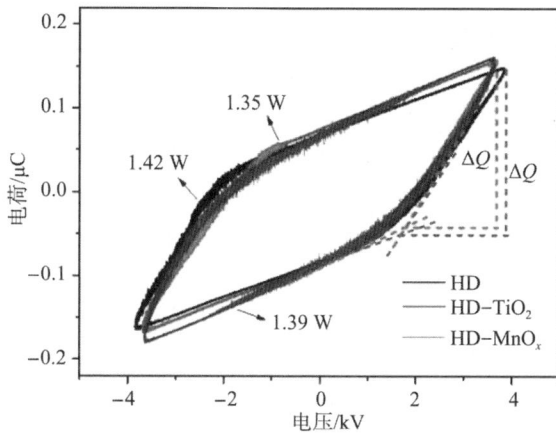

图 6.18　不同放电体系的李萨如图形

6.4.2.2　对光学特性的影响

为了研究纳米催化剂涂层对放电形貌的影响，利用数码相机拍摄了不同 HD 体系（纯 HD、HD-TiO$_2$ 和 HD-MnO$_x$）在空气中的放电照片。其实验条件为：P_{in} 为 5 W，f 为 1.66 kHz；结果如图 6.19 所示。这里，我们依然用空气代替纯 O$_2$ 进行放电，以便获得清晰的放电形貌。同时，为方便拍摄，HD 反应器中附着有栅状电极的 ZrO$_2$ 介质板由厚度为 2 mm 的透明硅酸盐玻璃板取代。从图 6.19（a）中可以看出，HD-TiO$_2$ 的放电照片呈现出了 3 种差异明显的区域。正如图中标注的那样，暗区（A）为栅状电极条；位于相邻电极条之间，中心的明亮区域（B）对应于体相放电；而最亮的区域（C）则是由于体相和沿面放电叠加的缘故。此外，相似的结论也可以从 HD-MnO$_x$ 体系的放电照片［图 6.19（b）］得出。将它们与单纯 HD 的放电照片［图 6.19（c）］对比发现，TiO$_2$ 和 MnO$_x$ 涂层的添加并没有造成 HD 形貌的明显改变。

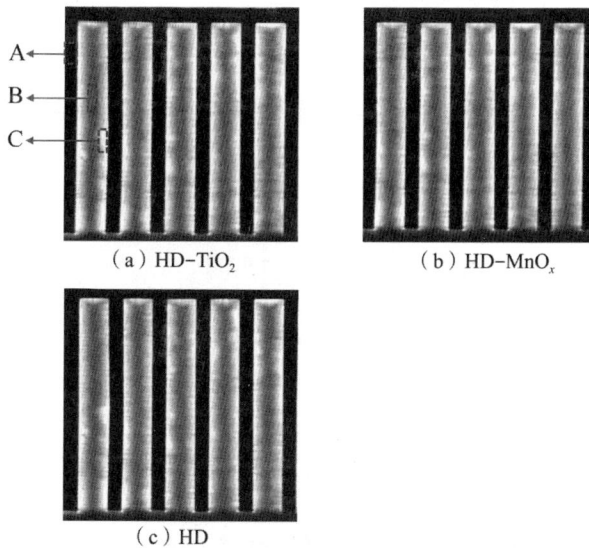

（a）HD-TiO$_2$　　　（b）HD-MnO$_x$

（c）HD

图 6.19　不同体系的放电照片

A—电极条；B—体相等离子体；C—体相与沿面等离子体的重叠区

除了观察放电形貌外，实验也对不同 HD 体系的发射光谱进行了采集，并以此对放电过程中等离子体参数进行了估算。通过向纯 O_2 中引入少量的内标气（5%N_2 和 10%Ar），利用对 N_2 第二正带系谱线的 SPECAIR 拟合和 Ar 谱线的强度比，分别对 HD 体系中的 T_{rot} 和 T_{exc} 进行了计算；同时利用对波长为 696.54 nm Ar（$2P_2 \rightarrow 1S_5$）谱线的斯塔克展宽解析计算了 n_e。图 6.20（a）~（c）分别为 HD-TiO_2 体系在 95%O_2+5%N_2 放电气氛中测得的典型 $N_2 \, C^3\Pi \rightarrow B^3\Pi_g$ 光谱，90%O_2+10%Ar 放电气氛中测得的波长为 760~775 nm 的 Ar 光谱和 696.54 nm 的 Ar 谱线。实验条件为：Q 为 0.1 L/min，P_{in} 为 4 W，f 为 1.66 kHz。根据这些发射谱线，实验在 P_{in} 为 1~5 W 条件下对不同 HD 体系中的 T_{rot}、T_{exc} 和 n_e 进行了计算和对比，所得结果汇总于表 6.4。从表 6.4 中可以看出，纯 HD、HD-TiO_2 和 HD-MnO_x，这三种 HD 体系所得 T_{rot}、T_{exc} 和 n_e 并没有表现出显著性差异（各项参数之间的差异均小于 5%），这意味着在 HD 过程中催化剂涂层的存在对等离子体参数具有较弱的影响。

另外，为了观察 HD 体系在纯 O_2 气氛中的发射光谱情况，实验也在 P_{in} 为 4 W 和 f 为 1.66 kHz 条件下对 HD-TiO_2 体系在纯 O_2 气氛中的发射光谱进行了采集，采集波长范围为 200~800 nm，结果如图 6.23（b）所示。由图可知，HD-TiO_2 体系在纯 O_2 放电下仅发射出了相对微弱的可见光。通常，纳米催化剂涂层对放电发射光的吸收与 HD 的 O_3 合成表现密切相关。

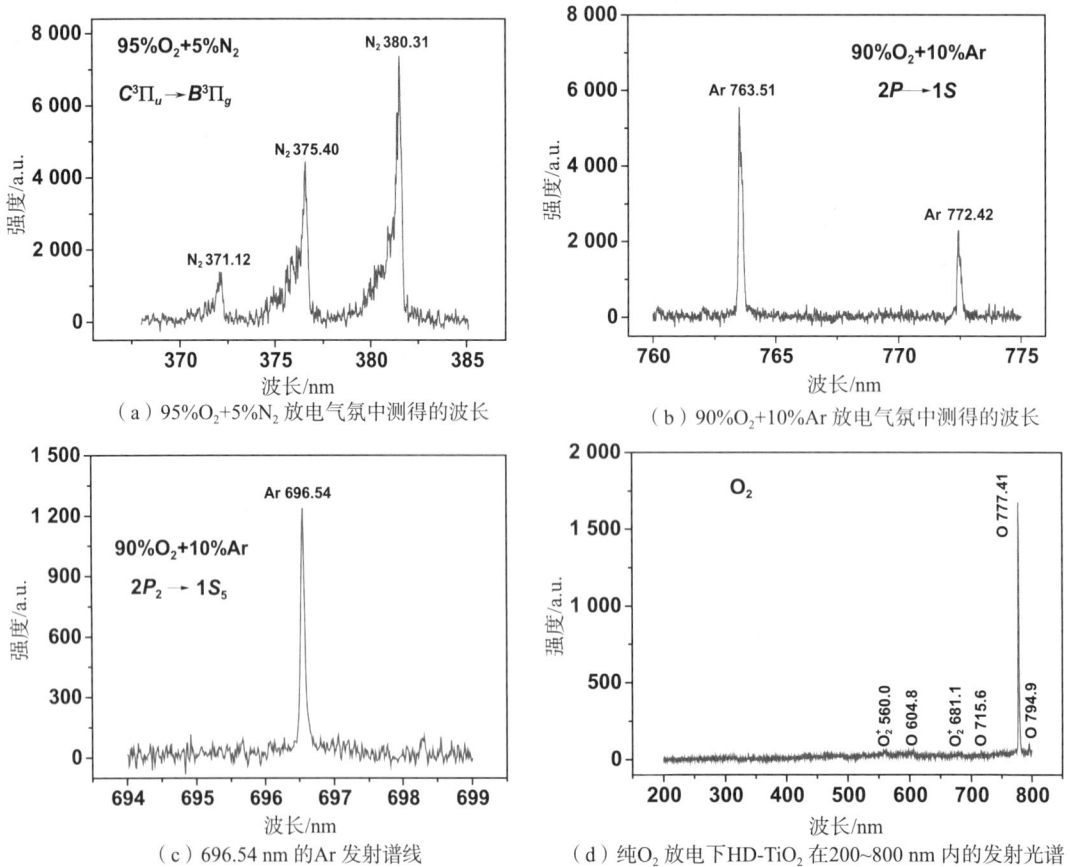

（a）95%O_2+5%N_2 放电气氛中测得的波长

（b）90%O_2+10%Ar 放电气氛中测得的波长

（c）696.54 nm 的 Ar 发射谱线

（d）纯 O_2 放电下 HD-TiO_2 在 200~800 nm 内的发射光谱

图 6.20 HD-TiO_2 体系在 95%O_2+5%N_2 放电气氛中测得的用于计算 T_{rot} 和 T_{vib} 的 $N_2 \, C^3\Pi_u \rightarrow B^3\Pi_g$ 光谱，其波长范围为 368~385 nm；90% O_2+10%Ar 放电气氛中测得的波长为 760~775 nm 和 696.54 nm 的 Ar 发射谱线分别用于估算 T_{exc} 和 n_e；纯 O_2 放电下 HD-TiO_2 在 200~800 nm 内的发射光谱

表 6.4　不同 HD 体系在 P_{in} 为 1~5 W 条件下的等离子体参数

放电体系	T_{rot} (K)	T_{exc} (eV)	n_e (10^{15} cm^{-3})
HD	302~322	0.32~0.81	2.82~7.23
HD–TiO$_2$	303~324	0.31~0.82	2.88~7.34
HD–MnO$_x$	302~323	0.30~0.78	2.78~7.18

6.4.3　纳米催化剂涂层的物化特性

因纳米催化剂涂层的性质在影响 HD 合成 O_3 的过程中起着关键性作用，所以本节借用多种物化技术对 TiO_2 和 MnO_x 这两种代表性纳米催化剂进行详细表征，以期揭示它们对 HD 合成 O_3 表现出差异性影响的原因。新鲜催化剂是指未用于放电合成 O_3 过程的催化剂，而使用后的催化剂为用于放电合成 O_3 1 h 之后的催化剂。

6.4.3.1　表面化学态分析

为了观察纳米催化剂在使用前后其表面化学态的变化，实验进一步对 TiO_2 和 MnO_x 进行了 XPS 分析（见表 6.5 与表 6.6），其与 XRD 的分析结果一致。Mn 2p 谱图的分峰结果说明（见图 6.21），MnO_x 在使用前后，其 Mn 2p 谱图均可分离出 Mn^{3+} 和 Mn^{4+} 峰，分别对应于 MnO_x 样品中的 Mn_2O_3 和 MnO_2 组分。

根据反应式（6.9）可知，Mn^{3+} 的存在能够有效促进氧空位的生成，所以导致 MnO_x 表面比 TiO_2 表面存在更多的氧空位。

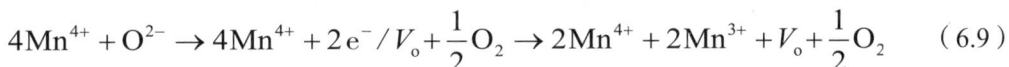

$$4Mn^{4+} + O^{2-} \rightarrow 4Mn^{4+} + 2e^-/V_o + \frac{1}{2}O_2 \rightarrow 2Mn^{4+} + 2Mn^{3+} + V_o + \frac{1}{2}O_2 \quad （6.9）$$

其中，V_o 代表氧空位。此外，无论是 TiO_2 还是 MnO_x，使用后的样品均比新鲜样品拥有更高的 O_{ads} 含量（见表 6.5 与表 6.6），这是因为等离子体作用使得催化剂表面产生了更多的氧空位。氧空位通常可以作为分解 O_3 的活性位点，所以对 HD 的 O_3 合成产生负面效应。

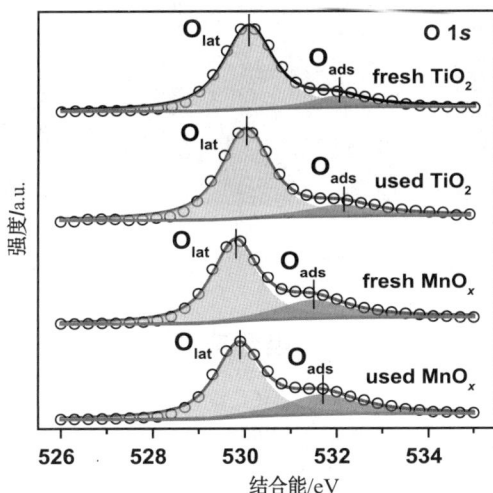

图 6.21　O 1s 的 XPS 谱图分峰结果

表 6.5 TiO₂ 样品的 XPS 结果

样品	B.E. Ti 2*p* (eV)	B.E. O 1*s* (eV)		O_{ads}/O_{lat}
	Ti⁴⁺	O_{lat}	O_{ads}	
新鲜 TiO₂	458.8	530.1	532.0	0.16
使用后 TiO₂		530.1	532.2	0.23

表 6.6 MnOₓ 样品的 XPS 结果

样品	B.E. Mn 2*p* (eV)		Mn^{3+}/Mn^{4+}	Mn 3*s*	B.E. O 1*s* (eV)		O_{ads}/O_{lat}
	Mn³⁺	Mn⁴⁺		AOS of Mn	O_{lat}	O_{ads}	
新鲜 MnOₓ	641.9	643.2	1.14	3.37	529.8	531.5	0.36
使用后 MnOₓ			0.81	3.64	529.9	531.7	0.49

6.4.3.2 表面形貌

为了了解纳米催化剂涂层表面的微观结构，实验通过 SEM 对 TiO₂ 和 MnOₓ 涂层的表面形貌进行了观察；同时，作为对比，也对 ZrO₂ 介质板的表面形貌进行了观察，部分形貌如图 6.22 所示。虽然 ZrO₂ 介质板外观看起来较为光滑，但其 SEM 照片显示［见图 6.22（a）］，它由大量的密切相互作用的颗粒组成。对于 HD-TiO₂ 体系，覆盖于 ZrO₂ 介质板表面的 TiO₂ 涂层在 SEM 下看起来像干裂的土地，这将导致其比 ZrO₂ 介质板具有更大的比表面积［见图 6.22（b）］。而从 MnOₓ 涂层的 SEM 结果可以看出，MnOₓ 呈现出碎片状矗立在 ZrO₂ 介质板上，从而具有粗糙的表面形貌，同样导致比表面积的显著增加［见图 6.22（c）］。纳米催化剂涂层具有的大比表面积不仅为表面催化反应提供了大量的活性位点，同时也使得放电变得相对均匀，因而在 O₃ 合成中发挥着关键性作用。

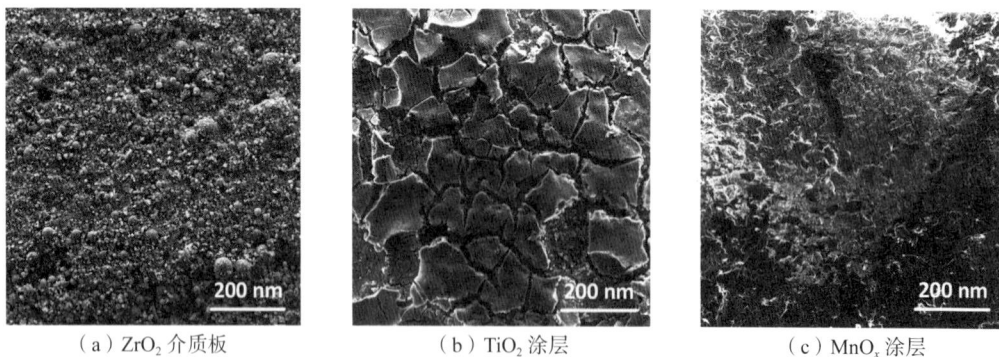

（a）ZrO₂ 介质板　　　　（b）TiO₂ 涂层　　　　（c）MnOₓ 涂层

图 6.22　ZrO₂ 介质板，TiO₂ 和 MnOₓ 涂层的 SEM 照片

6.4.4　纳米催化剂涂层对混合放电合成臭氧的影响机制

如图 6.23（a）所示，当存在单价态的 TiO₂ 涂层时，其较大的比表面积可提供利于气-固界面反应的大量活性催化位点，进而通过催化反应（6.10）和（6.11）加速 O₃ 合成。首先，这些活性位点可对 O₂ 进行暂时的吸附，接下来 O 可以很容易地与这些吸附 O₂ 作用，通过催化反应（6.10）加速 O₃ 合成，其中 O₂(ad) 为暂时吸附在催化剂表面上的氧分子。另外，通过催化反应（6.11）可释放大量的 e 和 O，从而促进 O₃ 合成反应（6.1）和（6.2）。

由于 TiO_2 中氧空位的数量少，在气 – 固界面反应中，其对 O_3 的分解反应并不显著。因而使得表面 O_3 合成反应在气 – 固界面催化反应中占主导地位。所以，当添加 TiO_2 涂层时，HD 的 O_3 合成得到显著增强。

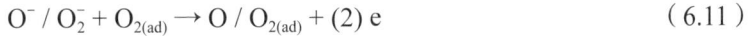

$$O_{2(ad)} + O \rightarrow O_{3(ad)} \rightarrow O_3 \qquad (6.10)$$

$$O^- / O_2^- + O_{2(ad)} \rightarrow O / O_{2(ad)} + (2)\ e \qquad (6.11)$$

相反，当存在多价态的 MnO_x 涂层时，其表面活性位点也可提供一系列气 – 固界面催化反应，不过 O_3 的分解反应占主导地位，其形象的反应机制如图 6.23（b）所示。通过反应（6.10）和（6.11），MnO_x 涂层可进行 O_3 合成催化反应。但是，其表面含有的大量氧空位和氧化还原对 Mn^{3+} / Mn^{4+} 可作为高活性位点极大地促进 O_3 分解。首先，存在于 MnO_x 中的大量氧空位可对已生成的 O_3 进行捕捉，通过反应（6.12）使 O_3 分解出一个游离的 O_2 和一个结合在氧空位上的 O^{2-}；然后，另一个 O_3 与前期形成的 O^{2-} 反应生成 O_2^{2-}（该过氧物种依然附着在氧空位上）并再形成一个气相 O_2 [反应式（6.13）]；最后，过氧化物 O_2^{2-} 分解释放一个 O_2，使得氧空位复原 [反应式（6.14）] 并进行到下一个分解 O_3 的循环当中。除此之外，氧化还原对 Mn^{3+} / Mn^{4+} 也可通过循环反应（6.15）和（6.16）对 O_3 进行分解，这一点在 XRD 和 XPS 分析中得到了证实，即经分解 O_3 后，MnO_x 催化剂中 Mn^{4+} 的占比得到了提高。通过上述机制，MnO_x 涂层可显著地分解放电过程中形成的 O_3，从而在 HD 合成 O_3 过程中表现出负面效应。

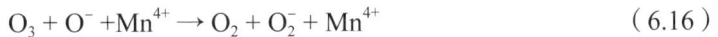

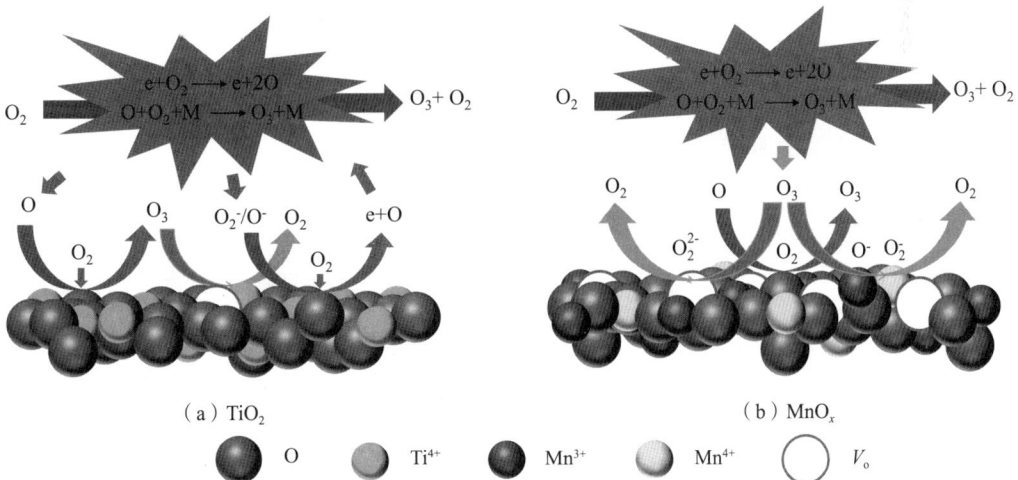

$$O_3 + V_0 \rightarrow O_2 + O^{2-} \qquad (6.12)$$

$$O_3 + O^{2-} \rightarrow O_2 + O_2^{2-} \qquad (6.13)$$

$$O_2^{2-} \rightarrow O_2 + V_0 \qquad (6.14)$$

$$O_3 + Mn^{3+} \rightarrow O_2 + O^- + Mn^{4+} \qquad (6.15)$$

$$O_3 + O^- + Mn^{4+} \rightarrow O_2 + O_2^- + Mn^{4+} \qquad (6.16)$$

$$O_2^- + Mn^{4+} \rightarrow O_2 + Mn^{3+} \qquad (6.17)$$

图 6.23　纯 O_2 下，TiO_2 和 MnO_x 涂层对 HD 合成 O_3 的影响机制（V_o 代表催化剂表面的氧空位）

为了验证上述反应机制的正确性，在无放电的情况下，实验分别考察了 TiO_2 和 MnO_x 涂层对 O_3 的分解效果。实验方案为：准备含有 TiO_2 和 MnO_x 涂层的 HD 反应器各一个，

使 C_{O_3} 为 32 g/Nm³、流速为 0.1 L/min 的 O₃ 气体分别流入这两个反应器内，O₃ 分析仪检测出口气体中的 C_{O_3}。结果显示，当 O₃ 气体流经 TiO₂ 涂层后，其 C_{O_3} 基本无变化，为 31.7 g/Nm³；而当流经 MnOₓ 涂层后，C_{O_3} 出现了明显的降低，为 26.0 g/Nm³。上述结果进一步证明了 MnOₓ 的强分解 O₃ 能力，这要归因于 MnOₓ 中的高氧空位含量和 Mn³⁺/Mn⁴⁺ 电对的存在。需要强调的是，相较于不放电，MnOₓ 涂层在 HD 过程中对 O₃ 的分解能力更强（相同条件下将 C_{O_3} 降至 5.3 g/Nm³），这是因为 HD 对气 – 固界面催化反应的增强效应。

根据对不同纳米催化剂在影响 HD 合成 O₃ 上的考察，以及影响机制上的探索，可提前预判某一特定纳米催化剂对 O₃ 合成的影响效果，这为选择合适的纳米催化剂以增强 O₃ 合成提供参考。在本节中，由于 TiO₂ 涂层对 O₃ 合成的显著增强效应，结合 HD 的高能量利用效率，使得 HD-TiO₂ 体系获得了最优的 O₃ 合成性能。

◆ 章后语 ◆

本章研究利用设计的新型板式放电反应器以及纳米催化剂的调控作用合成臭氧，结果成功验证了薄介质层、窄放电气隙以及高介电常数等对臭氧合成的促进作用。对比了最优结构参数下构建新型板式体相 – 表面混合放电反应器较常规 VDBD 和 SDBD 反应器在放电特性和臭氧合成上的差异，探讨了混合放电合成臭氧机制，验证了其臭氧合成的高效性，并考察了其长时间放电稳定性。尤其是，创新性地提出利用纳米催化剂调控臭氧合成的策略，在纯氧下系统考察不同催化剂涂层（如 TiO₂、ZnO、Fe₂O₃、MnOₓ 等）对混合放电合成臭氧的影响，筛选了合适的催化剂进一步增强反应器的臭氧浓度和产率。利用光电学诊断技术，结合对不同催化剂的表征分析，探索不同催化剂涂层在纯氧下对混合放电合成臭氧的影响机制。

总之，通过本章研究，我们为研制新型的操作简单、便携以及低成本的混合放电反应器用于臭氧合成奠定了理论与技术基础，也寻找到了一种有效调控臭氧合成的催化剂涂层法。这些成果的取得确保了臭氧发生器能在高臭氧浓度下具备高臭氧产率，是研发高效板式中小型臭氧发生器的基础。

参考文献

[1] 杨津基. 气体放电 [M]. 北京：科学出版社，1983.

[2] 徐学基，诸定昌. 气体放电物理 [M]. 上海：复旦大学出版社，1996.

[3] CRICHTON B H.Gas discharge physics[C]//London：IEE Colloquium on Advances in HV Technology，1996：3-1.

[4] KAMARAJU V，NAIDU M S.High-voltage engineering[M].New York：McGraw-Hill，1996.

[5] 刘忠阳. 放电等离子体合成臭氧及应用中一些问题的研究 [D]. 大连：大连理工大学，2002.

[6] HUXLEY L G H，CROMPTON R W.The diffusion and drift of electrons in gases[J]. Physica B+C，1974，95(2)：227-243.

[7] CREYGHTON Y L M.Pulsed positive corona discharges：fundamental study and application to flue gas treatment[J].Technische Universit Eitndhoven，1994.

[8] GALLIMBERTI I.Impulse corona simulation for flue gas treatment[J].Pure and applied chemistry，1988，60：663-674.

[9] KUKUKARPACI H N，SAELEE H T，LUCAS J.Electron swarm parameters in helium and neon[J].Journal of physics D：applied physics，1981，14：9.

[10] KULIKOVSKY A A.The structure of streamers in N_2. Ⅱ. Two-dimensional simulation[J].Journal of physics D：applied physics，1994，27 (12)：2564-2569.

[11] GALLAGHER J W，BEATY E C，DUTTON J，et al.An annotated compilation and appraisal of electron swarm data in electronegative gases[J].Journal of physics chemistry reference,1983，12：109.

[12] CHANIN L M，PHELPS A V，BIONDI M A. Measurements of the attachment of low-energy electrons to oxygen molecules[J].Physical review，1962，128(1)：219-230.

[13] PACK J L，PHELPS A V.Electron attachment and detachment Ⅱ：Mixtures of O_2 and CO_2 and of O_2 and H2O[J].The journal of chemical physics，1966，45：4316-4329.

[14] SIGMOND R S.Basic corona phenomena：the roles of space charge saturation and secondary streamers in breakdown[C]//Phenomena in ionized gases，ⅩⅥ International Conference，invited papers，1983：174.

[15] COMPTON R N.Christophorou LG：Negative-ion formation in H2O and D2O[J].Physical review，1967，154 (1)：110.

[16] WILLIAMS W T. 18th International Conference on Phenomena in Ionized Gases，Swansea 13th-17th July 1987：contributed papers[J].Nuclear physics，1987，87(5)：500.

[17] SMIRNOV B M. Ions and excited atoms in a plasma[J]. Moscow atomizdat，1974.

[18] MNATSAKANYAN A K，NAIDIS G V.Processes of formation and decay of charged particles in nitrogen-oxygen plasmas[J].Khimiia plazmy plasma chemistry，1987，14：227-255.

[19] DOUGLAS-HAMILTON D H.Recombination rate measurements in nitrogen[J].The journal of chemical physics，1973，58 (11)：4820-4823.

[20] MASUDA S.Pulse corona induced plasma chemical process：a horizon of new plasma chemical technologies[J].Pure and applied chemistry，1988，60：727-731.

[21] MASUDA S，NAKAO H.Control of NO_x by positive and negative pulsed corona discharges[C]//IEEE-IAS Annual Meeting，1986：1173-1183.

[22] DINELLI G，CIVITANO L，REA M.Industrial experiments on pulse corona simultaneous removal of NO_x and SO_2 from flue gas[J].IEEE transactions on industry applications，1990，26 (3)：535-541.

[23] MIZUNO A，CLEMENTS J S，DAVIS R H.A method for the removal of sulfur dioxide from exhanst gas utilizing plused streamer corona forelectron energization[J].IEEE transactions on industry applications，1986，22 (3)：516-522.

[24] RASMUSSEN J M.High power short duration pulse generator for SO_2 and NO_x removal[C]//IEEE-IAS Annual Meeting，1989：2180-2184.

[25] GALLIMBERTI I.A computer model for streamer propagation[J].Journal of physics D：applied physics，1972，5：2179-2189.

[26] ABDEL-SALAM M.Positive wire to plane corona as influenced by atmospheric humidity[J].IEEE transactions on industry applications，1985，IA-21 (1)：35-40.

[27] VITELLO P A，PENETRANTE D M，BARDSKY J N.Multi-dimensional modeling of the dynamic morphology of streamer coronas[C]//IEEE Conference Record-Abstracts.1992 IEEE International Conference on Plasma，1992：86-87.

[28] BOUZIANE A，HIDAKA K，TAPLAMACIOGLU M C，et al.Assessment of corona models based on the Deutsch approximation[J]. Journal of physics D：applied physics，1994，27 (2)：320-329.

[29] LAAN M，PARIS P.The multi avalanche nature of streamer formation in inhomogeneous fields[J].Journal of physics D：applied physics，1994，27 (5)：970-978.

[30] VITELLO P A，PENETRANTE B M，BARDSLEY J N.Simulation of negative streamer dynamics in nitrogen[J].Physical Review E，1994，49 (6)：5574-5598.

[31] YAN K P，VAN VELDHUIZEN E M，BAEDE A H，et al.Matching between voltage pulse generator and reactor for producing low temperature plasma by positive pulse corona[C]//Proceedings of the 2nd International Conference on Applied Electrostatics，1993：83-95.

[32] YAN K.Electron energy for primary and secondary streamers of pulsed corona in relation with flue gas cleaning[J].Proc. of 11th Int. Symp.on plasma chemistry，1993：609-614.

[33] REA M，YAN K.Energization of pulse corona induced chemical process[J].Non thermal plasma techniques for pollution control，1993，G34 (A)：191-204.

[34] REA M.Evaluation of pulse voltage generators[J].IEEE transactions on industry applications，1995，31 (3)：507-512.

[35] CHANG J S.The role of H_2O and NH_3 on the formation of NH_4NO_3 aerosol particles and De-NO_x under the corona discharge treatment of combustion flue gases[J].Journal of aerosol science，1989，20 (8)：1087-1090.

[36] MASUDA S.Novel cold plasma technologies for pollution control[C].Proceedings of the 2nd International Conference on Applied Electrostatics，1993：1-24.

[37] FUJII T，GOBBO R，REA M.Pulse corona characteristics[J].IEEE transactions on industry applications，1993，29（1）：98-102.

[38] WANG R，ZHANG B，SUN B，et al.Apparent energy yield of a high efficiency pulse generator with respect to SO$_2$ and NO$_x$ removal[J].Journal of electrostatics，1995，34（4）：355-366.

[39] SHA Q，ZHU M N，HUANG H W，et al.A newly integrated dataset of volatile organic compounds (VOCs) source profiles and implications for the future development of VOCs profiles in China[J].Science of the Total Environment，2021，793：148348.

[40] GUAN Y N，WANG L，WANG S J，et al.Temporal variations and source apportionment of volatile organic compounds at an urban site in Shijiazhuang，China[J].Journal of environmental sciences，2020，97：25-34.

[41] WANG H L，CHEN C H，WANG Q，et al.Chemical loss of volatile organic compounds and its impact on the source analysis through a two-year continuous measurement[J].Atmospheric environment，2013，80：488-498.

[42] LI X L，NIU Y F，SU H G，et al.Simple thermocatalytic oxidation degradation of VOCs[J].Catalysis letters，2022，152：1801-1818.

[43] HUANG A Z，YIN S S，YUAN M G，et al.Characteristics，source analysis and chemical reactivity of ambient VOCs in a heavily polluted city of central China[J].Atmospheric pollution research，2022，13：101390.

[44] 薛浩博.VOCs 处理技术应用分析及研究进展 [J]. 安徽化工，2023，49（5）：17-21.

[45] MAHMOOD A，WANG X，XIE X F，et al.Degradation behavior of mixed and isolated aromatic ring containing VOCs：Langmuir-hinshelwood kinetics，photodegradation，In-situ FTIR and DFT studies[J]. Journal of environmental chemical engineering，2021，9（2）：105069.

[46] QIN Y，LIU X L，ZHU T L，et al.Catalytic oxidation of ethyl acetate over silver catalysts supported on CeO$_2$ with different morphologies.Materials chemistry and physics[J]，2019，229：32-38.

[47] 林雨 . 冷凝法治理苯乙烯废气及影响规律的研究 [J]. 现代化工，2018，38（10）：192-195.

[48] ZOU W X，GAO B，OK Y S，et al.Integrated adsorption and photocatalytic degradation of volatile organic compounds (VOCs) using carbon-based nanocomposites：a critical review[J].Chemosphere，2019，218：845-859.

[49] 王敏，翁艺斌，陈进富，等 . 吸附法治理工业源挥发性有机物的研究进展 [J]. 现代化工，2020，40（10）：15-19，25.

[50] ZHANG W L，LUO J P，SUN T F，et al.The absorption performance of ionic liquids-PEG200 complex absorbent for VOCs[J].Energies，2021，14（12）：3592.

[51] 吴敏艳，周瑛，王文洁，等 . 生物柴油吸收 VOCs 的特性及热力学 [J]. 中国环境科学，2021，41（7）：3153-3160.

[52] 宗传欣，丁晓斌，南江普，等 . 膜法 VOCs 气体分离技术研究进展 [J]. 膜科学与技术，2020，40（1）：284-293.

[53] 帅启凡，董小平，陆建刚，等 . 蓄热燃烧法处理工业 VOCs 废气的研究进展 [J]. 环境科学与技术，2021，44（1）：134-140.

[54] KHAN I F，GHOSHAL K A.Removal of volatile organic compounds from polluted air[J].Journal of loss prevention in the process industries，2000，13（6）：527-545.

[55] HUANG Y，STEVEN H，LU Y，et al.Removal of indoor volatile organic compounds via photocatalytic oxidation：a short review and prospect[J].Molecules，2016，21（1）：56.

[56] LI P，KIM S S，JIN J，et al.Efficient photodegradation of volatile organic compounds by iron-based metal-organic frameworks with high adsorption capacity[J].Applied catalysis B：environmental，2020，263：118284.

[57] CLOIREC P L，ANDRÈS Y，GÉRENTE C，et al.Biological treatment of waste gases containing volatile organic compounds[J].Springer Berlin heidelberg，2005：281-302.

[58] 赵连成.生物法处理挥发性有机废气的研究进展[J].现代化工，2021，41（1）：72-76.

[59] 朱益民.非热放电环境污染治理技术[M].北京：科学出版社，2013.

[60] 魏永春.Ag/TiO$_2$纳米粒子的制备及其光催化降解苯酚的性能研究[J].功能材料，2021，52（3）：3135-3139.

[61] 张士华，王延鹏，丁涛，等.Ag-TiO$_2$复合纳米材料制备及其光催化应用研究进展[J].化学研究，2020，31（6）：538-548.

[62] CHENG J H，LV X，PAN Y，et al.Foodborne bacterial stress responses to exogenous reactive oxygen species（ROS）induced by cold plasma treatments[J].Trends in food science & technology，2020，103：239-247.

[63] 王福海，黄成华.活性氧自由基的研究进展[J].广州化工，2013，41（16）：10-12.

[64] TSONG T Y.Electroporation of cell membranes[J].Biophysical journal，1991，60(2)：297-306.

[65] MENDIS D A，ROSENBERG M，AZAM F.A note on the possible electrostatic disruption of bacteria[J].IEEE transactions on plasma science，2000，28（4）：1304-1306.

[66] HYUN J，LEE S G，HWANG J.Application of corona discharge-generated air ions for filtration of aerosolized virus and inactivation of filtered virus[J].Journal of aerosol science，2017，107：31-40.

[67] NISHIKAWA T，ABE N，YONESU A，et al.Sterilization of small vial using electron cyclotron resonance plasma[J].Vacuum，2018，157：100-104.

[68] YANG L，CHEN J，GAO J.Low temperature argon plasma sterilization effect on Pseudomonas aeruginosa and its mechanisms[J].Journal of electrostatics，2009，67（4）：646-651.

[69] KIM J W，PULIGUNDLA P，MOK C.Microbial decontamination of dried laver using corona discharge plasma jet（CDPJ）[J].Journal of food engineering，2015，161：24-32.

[70] 于龙，李娜，靳爱军，等.低温等离子体空气消毒机对微生物气溶胶杀灭效果的评价[J].中国消毒学杂志，2017，34（10）：902-904，908.

[71] 朱天乐，马卓然，樊星.直流电晕放电等离子体去除室内空气微生物和颗粒物[J].北京工业大学学报，2014，40（4）：592-597.

[72] ZHANG J，WANG Y H，WANG D Z.Computational simulation of atmospheric pressure discharges with the needle-array electrode[J].Physics of plasmas，2018，25（7）：072101.

[73] MIZUNO A，NOGUCHI M，FUJIYAMA Y，et al.Control of tabacco smoke and odor gas using discharge plasma[C]//In proceeding of ISBE conference in Malaysia，1997：117-125.

[74] GRABARCZYK Z.Effectiveness of indoor air cleaning with corona ionizers[J].Journal of electrostatics，2001，51：278-283.

[75] 黄汉生. 日本二氧化钛光催化剂环境净化技术开发动向 [J]. 现代化工，1998 (12)：41-44.

[76] OLLIS D F.Photocatalytic purification and treatment of water and air[M]. New York：Elsevier，1993.

[77] LEE S H，MIZUNO A，KISANUKI Y，et al. Novel air cleaner for air conditioner using pulsed discharge plasma in combination with TiO_2 catalyst[J].Asia-pacific workshop on air treatment by advanced oxidation technologies，1999：112-115.

[78] 郝吉明，马广大. 大气污染控制工程 [M].2 版. 北京：高等教育出版社，2002.

[79] CHANDRA A. Investigations on electrostatic precipitator：a case study[C]//In conference record of 1998 IEEE industry applications conference，thirty-third IAS annual meeting，1998，3：1947-1952.

[80] LEONARD G L，MITCHNER M，SELF S A，et al.Experimental study of the effect of turbulent diffusion on precipitator efficiency[J].Journal of aerosol science，1982，13：271-284.

[81] 洪波，王品虹，纪义国，等. 臭氧对空气中 IBV 冠状病毒的杀灭效果的研究 [J]. 青岛海洋大学学报（自然科学版），2003，33 (6)：861-864.

[82] 薛广波. 臭氧消毒 [C]// 北京臭氧应用技术研讨会论文集. 北京：北京电子报社，1997：36-43.

[83] ROBERTS P，HOPE A.Virus inactivation by high intensity broad spectrum pulsed light[J].Journal of Virological Methods，2003，110：61-65.

[84] BLATCHLEY E R，PEEL M M. Disinfection by ultraviolet irradiation. In Disinfection，Sterilisation and Preservation[M]. Baltimore：Lippincott Williams & Wilkins，2000.

[85] 朱林泉，朱苏磊，靳雁霞.SARS 病毒紫外 C 杀灭技术 [J]. 应用激光，2003，23 (6)：342-344.

[86] TREE J A，ADAMS M R，LEES D N.Virus inactivaton during disinfection of wastewater by chlorination and UV irradiation and the efficacy of F+ bacteriophage as a 'Viral Indicator' [J].Water science and technology，1997，35 (11)：227-232.

[87] 朱益民. 正高压直流流光放电等离子体源装置：00201301[P]. 2000-11-08.

[88] 朱益民. 一种非热放电和光催化协同净化污染空气的装置：03202958.6[P]. 2004-09-22.

[89] 朱益民，王晓臣，公维民. 非热放电对室内空气净化效果研究 [J]. 中国消毒学杂志，2004，21 (3)：213-215.

[90] GOLDMANN D A.Transmission of viral respiratory infections in the home[J].The pediatric infectious disease journal，2000，19 (10)：S97-102.

[91] RONG H，RYU Z，ZHENG J，et al.Effect of air oxidation of rayon-based activated carbon fibers on the adsorption behavior for formaldehyde[J].Carbon，2002，40 (13)：2291-2300.

[92] SEKINE Y，NISHIMURA A.Removal of formaldehyde from indoor air by passive type air-cleaning materials[J].Atmospheric environment，2001，35 (11)：2001-2007.

[93] 谢甫钦柯 M A，利荣诺夫 B B. 臭氧化法水处理工艺学 [M]. 刘存礼，译. 北京：清华大学出版社，1987.

[94] SUNG T L，TEII S，LIU C M，et al.Effect of pulse power characteristics and gas flow rate on ozone production in a cylindrical dielectric barrier discharge ozonizer[J].Vacuum，2013，90：65-69.

[95] AMJAD M，SALAM Z，FACTA M，et al.Analysis and implementation of transformerless LCL resonant power supply for ozone generation[J].IEEE transactions on power electronics，2013，28 (2)：650-660.

[96] 魏林生，章亚芳，胡兆吉，等. 臭氧氧化脱除硫化氢的动力学 [J]. 环境化学，2009，28 (5)：744-746.

[97] 王平艳，林岚，尹宪丽，等. 臭氧应用于临床的研究进展 [J]. 医学信息（上旬刊），2011，24 (4)：2171-2172.

[98] 刘钟阳.放电等离子体合成臭氧及应用中一些问题的研究 [D]. 大连：大连理工大学，2002.

[99] 冯卫强.脉冲臭氧发生器的研制及其在烟气治理中的应用 [D]. 浙江：浙江大学，2017.

[100] 毛艳春，葛容海.紫外线照射与臭氧消毒机对床单位消毒效果的比较 [J]. 护士进修杂志，2006，21 (7)：668.

[101] 崔学玲，金红玲，马自萍，等.床单位臭氧消毒与紫外线消毒对血液科院内感染控制的比较 [J]. 临床医学，2007，27 (1)：68-69.

[102] ŠIMEK M，CLUPEK M.Efficiency of ozone production by pulsed positive corona discharge in synthetic air[J].Journal of physics D：applied physics，2002，35 (11)：1171-1175.

[103] PEKÁREK S.Effect of polarity on ozone production of DC corona discharge with and without photocatalyst[J]. Journal of pharmaceutical investigation，2016：1-7.

[104] MENNAD B，HARRACHE Z，YANALLAH K，et al.Effect of the anode material on ozone generation in corona ischarges[J].Vacuum，2014，104：29-32.

[105] BUNTAT Z，SMITH I R，RAZALI N A M.Ozone generation using atmospheric pressure glow discharge in air[J].Journal of physics D applied physics，2009，42 (23):235202.

[106] WALSH J L，SHI J J，KONG M G.Nanosecond pulsed atmospheric glow discharges without dielectric barriers[C]//The 33rd IEEE International Conference on plasma science，2006.

[107] TAKAMURA N，MATSUMOTO T，WANG D，et al.Ozone generation using positive-and negative-nano-seconds pulsed discharges[C]//IEEE pulsed power conference，2011：1300-1303.

[108] WANG D，MATSUMOTO T，NAMIHIRA T，et al.Development of higher yield ozonizer based on nano-seconds pulsed discharge[J].Journal of advanced oxidation technologies，2010，13 (1)：71-78.